美国训犬师、电影犬训练师、犬类特技秀表演者

凯拉·桑德斯

狗狗健身
一本就够了

[美] 凯拉·桑德斯 著
蓝 炯 译

中国轻工业出版社

图书在版编目（CIP）数据

凯拉·桑德斯狗狗健身一本就够了/（美）凯拉·桑德斯著；蓝炯译. —北京：中国轻工业出版社，2021.11

ISBN 978-7-5184-3641-5

Ⅰ. ①凯… Ⅱ. ①凯… ②蓝… Ⅲ. ①犬—驯养 Ⅳ. ①S829.2

中国版本图书馆 CIP 数据核字（2021）第 171499 号

责任编辑：王　玲　　责任终审：李建华　　整体设计：锋尚设计
责任校对：朱燕春　　责任监印：张京华

出版发行：中国轻工业出版社（北京东长安街6号，邮编：100740）
印　　刷：当纳利（广东）有限公司
经　　销：各地新华书店
版　　次：2021年11月第1版第1次印刷
开　　本：787×1092　1/16　印张：11
字　　数：100千字
书　　号：ISBN 978-7-5184-3641-5　定价：59.80元
邮购电话：010-65241695
发行电话：010-85119835　传真：85113293
网　　址：http://www.chlip.com.cn
Email：club@chlip.com.cn
如发现图书残缺请与我社邮购联系调换
201072S6X101ZYW

Kyra Sundance

凯拉·桑德斯（KYRA SUNDANCE）是获奖书籍作者，书籍发行量超过100万册。根据数十年专业训犬的经验，凯拉总结出简单易学、特别有效、特别人性化的训犬方法，采用正向训练方法培养自信、快乐的狗狗。

作为“和你的狗狗一起做更多事情”（犬类健身教练认证机构）的首席执行官，凯拉开办了广受欢迎的狗狗健身工作坊，教学生加强狗狗的体能。现在，你可以通过手头这本插图精美、分步讲解的指导手册，体验凯拉的狗狗健身工作坊。

凯拉是专业的电影犬训练师以及专业的犬类特技秀表演者，她在各个舞台上星光闪耀：为摩洛哥国王表演、迪士尼的好莱坞舞台表演、马戏团的表演、NBA半场表演、《今夜秀》《艾伦秀》以及无数电视剧、电影表演。

凯拉曾是一名体操运动员，并且是一名狂热的跑步爱好者，参加过20多次越野马拉松以及超级马拉松。凯拉和她的狗狗在全美竞技犬运动中排名前列。

贾弟（Jadie）和辛巴（Kimba）是凯拉的狗狗，也是狂热的越野跑爱好者。贾弟最近安装了心脏起搏器，它喜欢犬类健身运动。

目录

第3级

第4级

关于本书

和人类一样，有良好的体魄对狗狗也很重要。改善狗狗的体魄和健康状况可以延长它们的寿命，同时还可以在它们年龄增长后，减少看病的次数。此外还可以降低下列风险：和运动相关的伤害，关节炎等关节问题。有着良好体魄而且健康的狗狗通常会更加快乐、活泼。

任何年龄的狗狗都可以通过锻炼获益。幼犬可以增强协调性、自信心以及专注力，老年犬则可以增强自身的力量以及平衡能力。

凯拉的狗狗健身训练工作坊

凯拉的书籍和狗狗训练课程已享誉世界，惠及超过100万人。作为一名运动员，凯拉对狗狗健身训练充满了热情。她开办了广受欢迎的犬类健身教练工作坊，向犬主介绍如何运用正确、安全且令人愉悦的技巧，来改善狗狗的体魄。

现在，通过这本书就可以获得凯拉狗狗健身训练课程的知识。

有指导的训练策略

本书训练项目共分为4个级别，训练难度逐渐递增。每个级别都建立在上一级别的技能基础之上，并且匹配了已经验证过、有效且安全的训练方法。学习如何利用跳圈、球类、充气装置和梯子之类的器械，用创新的方法进行训练，让狗狗在以下5个方面得到改善：柔韧性、平衡性、耐力、协调性和力量。全书采用分步讲解加大量图片说明的形式，让读者容易理解和操作。

给狗狗的生活增添一点新的内容，翻开健身的一页吧！

Do More With Your Dog!

健身5要素

要想狗狗有好的体魄，应从5个方面进行训练。作为狗狗健身教练，我把健身视为一个整体，有针对性地对每一个要素进行锻炼。

本书所展示的很多练习往往同时对健身5要素中的多个要素有益。

柔韧性

柔韧性是指关节在整个活动范围内移动的能力。通过拉伸运动来拉长狗狗的肌肉，提高它的柔韧性。

平衡性

平衡性是指狗狗能够平均分配体重以保持直立和稳定的能力。这是不稳定训练中的一项加强肌肉力量的技巧，有助于预防受伤。

耐力

耐力（也称为有氧运动）是指狗狗能够长时间保持活力的能力（例如慢跑的时候）。耐力的增加会减轻焦虑和压力，减少慢性疾病的发生。

协调性

协调性（也称为本体感受）有时也被称为第六感，指即使在黑暗的房间里，人们也能知道自己身体各个部位位置的能力。狗狗也有这样的能力。本体感受是运动疗法中的关键组成部分，它让狗狗可以学习新的运动技能，并发展肌肉记忆。这种感觉可以通过训练得到很大的改善。

力量

力量是指瞬间的爆发力，例如跳过较高栏杆时的爆发力。力量训练可以保护骨骼和肌肉，对于年长的狗狗抵抗与年龄相关的肌肉损失尤其重要。

对狗狗进行评估

对狗狗生理状况的评估不是对其完美程度的评判。有些品种的狗狗四肢细长，奔跑速度较快；而另一些品种的狗狗则有宽厚的肩膀，力量较大。我们努力将训练计划设计成既能加强狗狗的薄弱方面，同时又能有利于每只狗狗的独特生理状况。狗狗是否有异常情况应由兽医进行评估。

狗狗的骨骼结构

骨骼系统是狗狗的结构基础，由骨、软骨、韧带和肌腱组成。长骨上有能产生软骨的生长板，随着狗狗的成长，软骨会转变成骨骼。在青春期，这种骨骼的生长会变缓慢，生理成熟时，生长板闭合，骨骼无法进一步生长。在狗狗的生长板闭合之前，应避免重复的运动和高强度的锻炼。

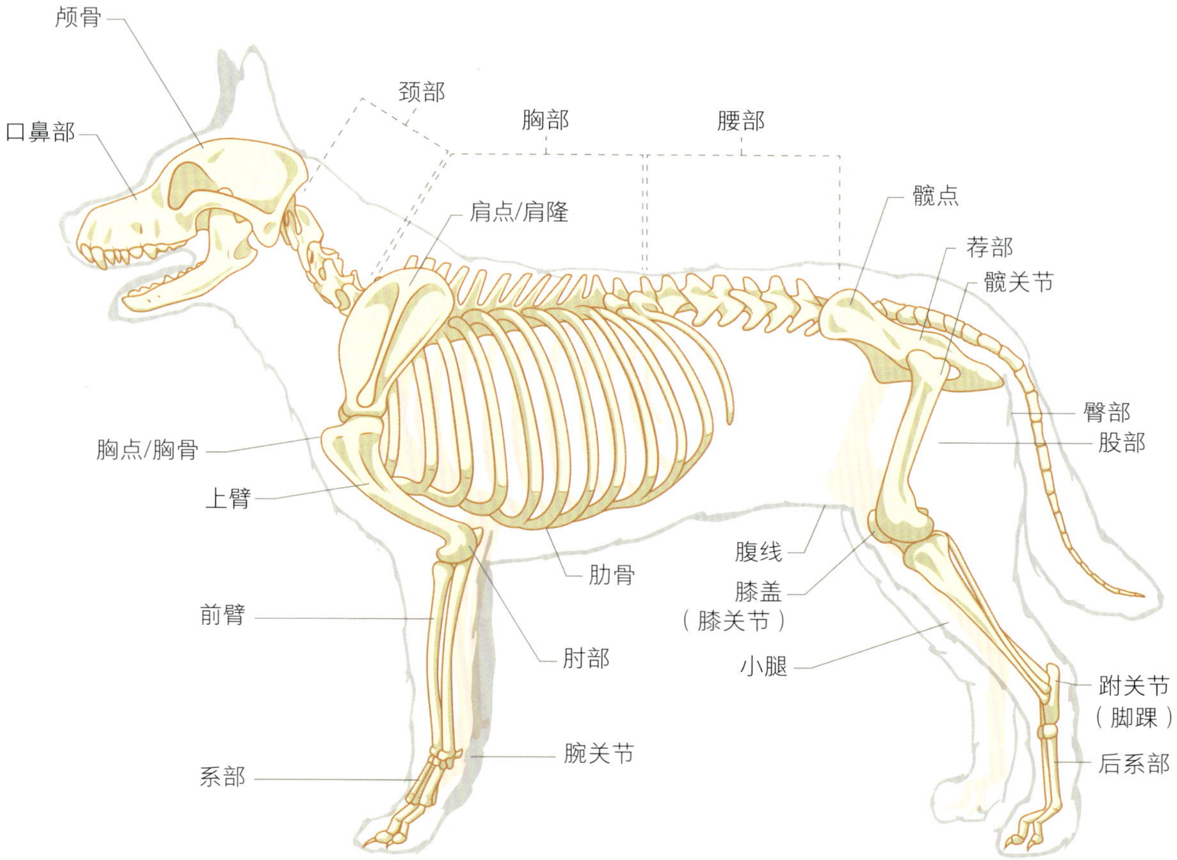

解剖结构分区

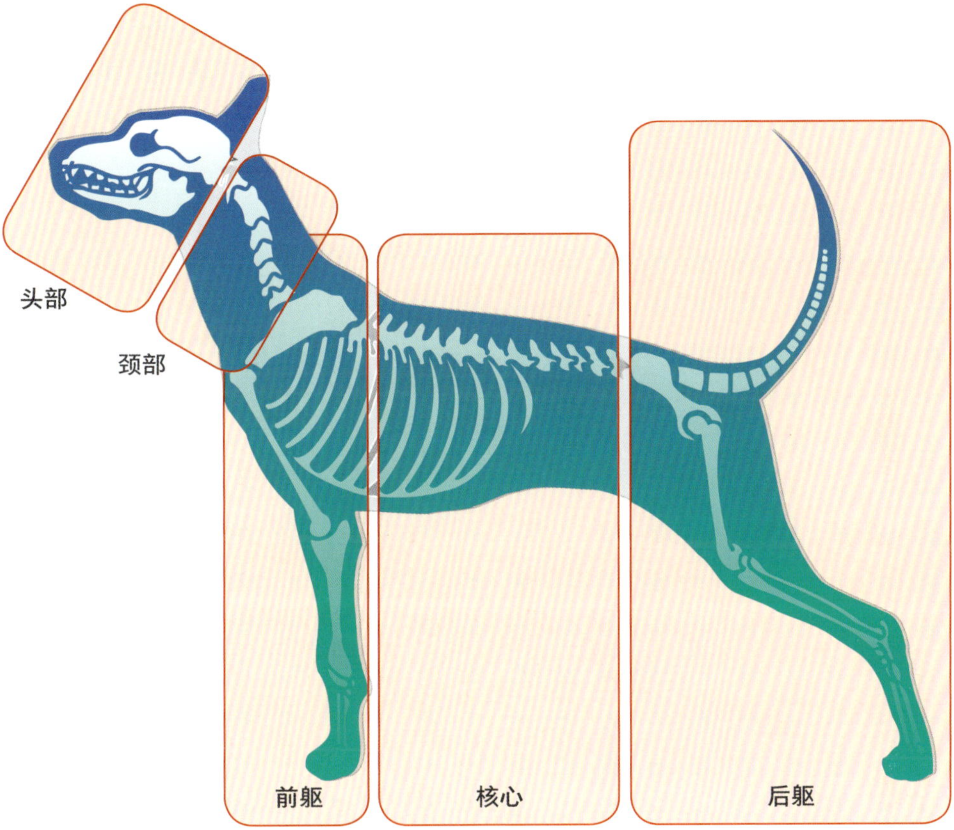

头部

不同犬种之间头部的大小和形状差异非常大。

颈部

颈部的长度会影响狗狗的肩部和脊椎。

前躯

从肩隆往下到前脚的部分，包括胸骨。

核心

从肩膀到骨盆之间的所有器官称为核心部位。核心部位强壮可以支撑整个身体。

后躯

后躯始于髋点，经过臀部，一直往下延伸。

解剖学部位：头部

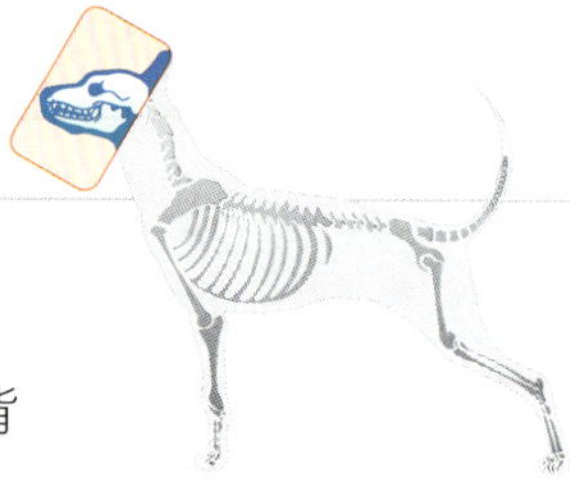

头部尺寸、颈部尺寸

头部应与颈部成比例。如果头部超大，有可能导致上颈部和背部问题，狗狗可能容易疲劳。

超大头部

常见于茶杯犬，例如大头吉娃娃

鼻子

鼻子是呼吸通道。鼻子扁平的狗狗（**短头犬**）有时可能呼吸困难，运动时身体可能过热。由于鼻子的形状，短头犬在跑步或者长时间行走时会特别难受，并且身体容易过热。对于短头犬来说，游泳可能是既能让它进行有氧运动，同时又能保持清凉的好方法。

扁平鼻

常见于短头犬，例如八哥犬、斗牛犬、拳师犬等

解剖学部位：颈部

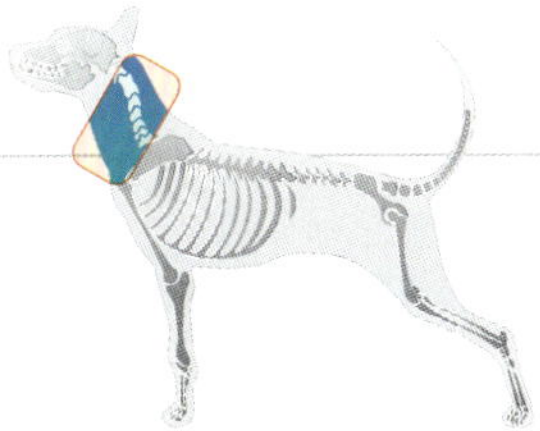

颈部长度

狗狗颈部的长度应大约与其下颌骨长度相同，且应与身体成比例，有些品种的狗狗可能略有出入。

短颈

颈部过短可能会导致肩部、背部以及下颈部的问题。短颈常见于拉布拉多犬、黄金猎犬、小猎犬以及斯塔福犬。

长颈

颈部过长常见于视觉型猎犬，容易使颈部变得无力，导致颈部以及脊椎问题。

颈部角度

颈部的线条应当非常直，靠近头部处略微变得圆滑。过度弯曲的颈部会使脖子到头部的线条变成圆弧，可能导致颈部无力。颈部过平，有的人称为倒弧度（和背部凹陷类似），也可能导致颈部无力。

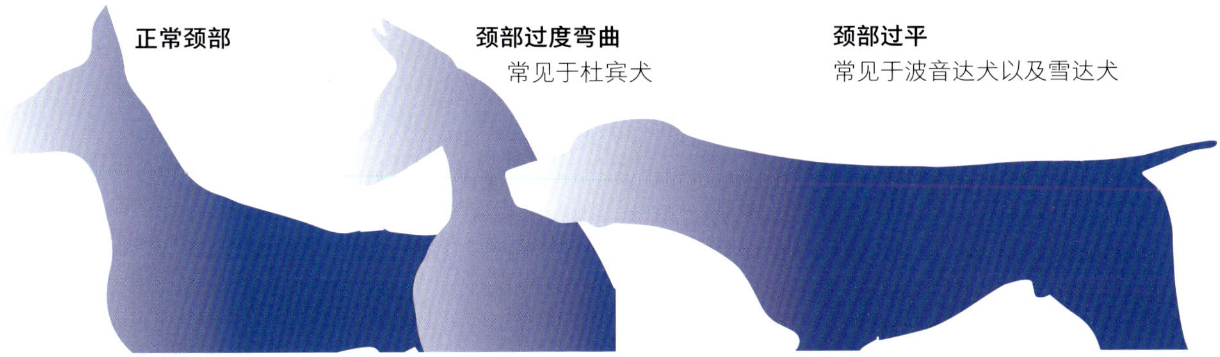

解剖学部位：前躯

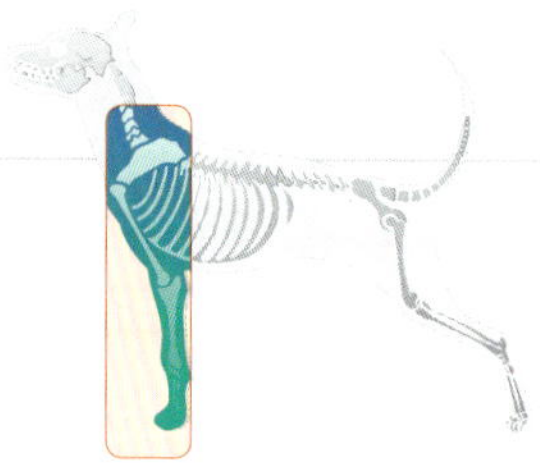

胸部

肩点与胸点之间应成60°角。

前躯过直的特点是胸骨凹入胸部，且活动受限。当前躯过直时，会加剧肩部、肘部、腕部和脚部的关节炎（尤其是那些需要频繁进行跳跃然后落地的敏捷犬）。

前躯角度过小则胸部会过于突出，会导致整个前躯无力。这种情况不太常见。

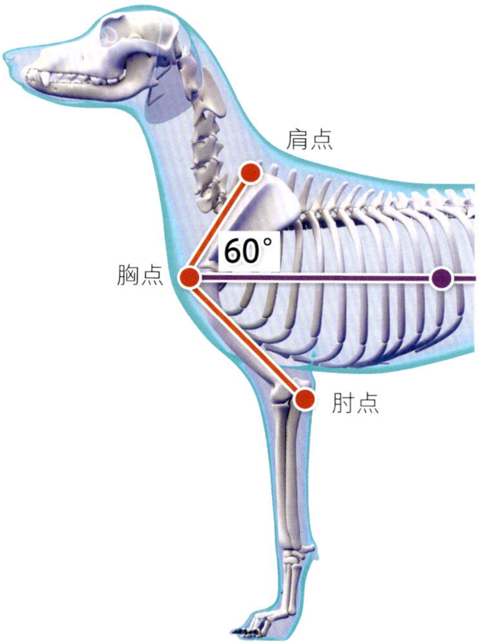

前躯角度

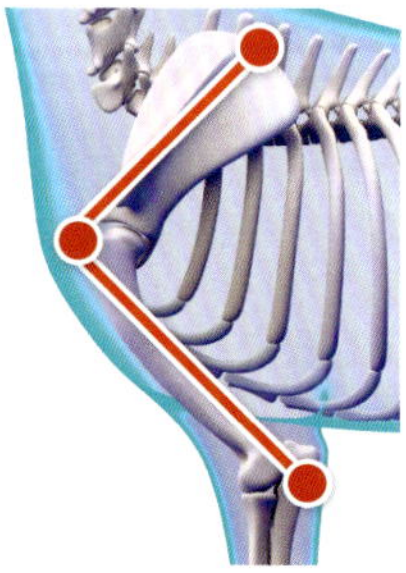

完美

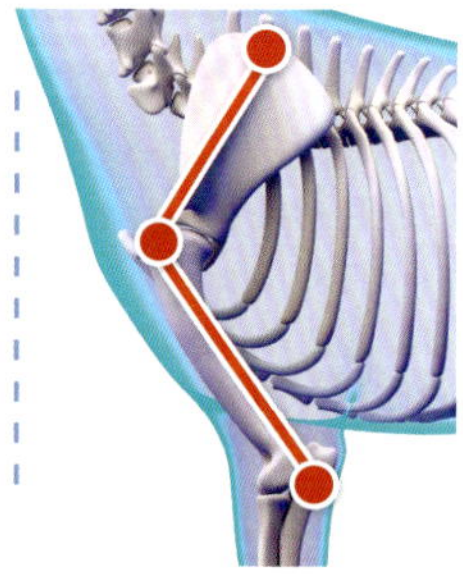

过直

常见于视觉型猎犬以及某些品种的㹴犬

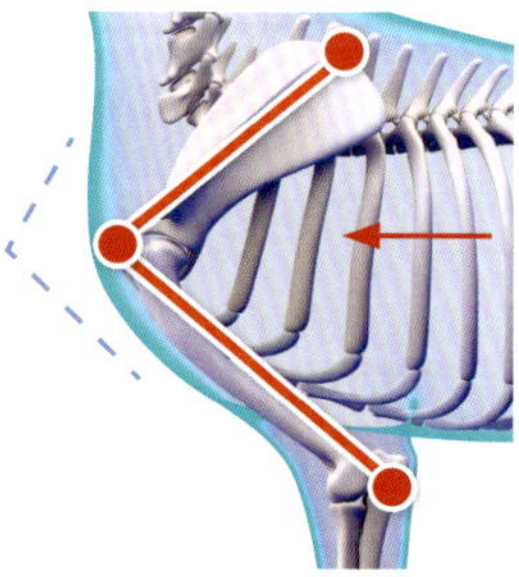

过于突出

超大型犬可能发生

肩部

肩部应位于第一胸椎周围。肩胛骨的最高点称为肩隆。肩部如果太靠后，弯曲度过大，会对运动产生影响。如果前躯僵硬，肩膀会太靠前，前躯看上去显得过直、僵硬。

前肢

狗狗的前肢应位于适当的肩胸角度上。当前肢弯曲时，腕部应与胸点成一直线。如果不是，则说明上臂或者前臂过长。

脚部

修剪趾甲对狗狗姿态很重要，可以保证其以正确的姿势站立。注意观察刚修剪过的趾甲的弧度，然后再观察没有修剪过的脚爪，就会发现，由于趾甲过长，脚趾处于向前倾斜的状态。

解剖学部位：核心

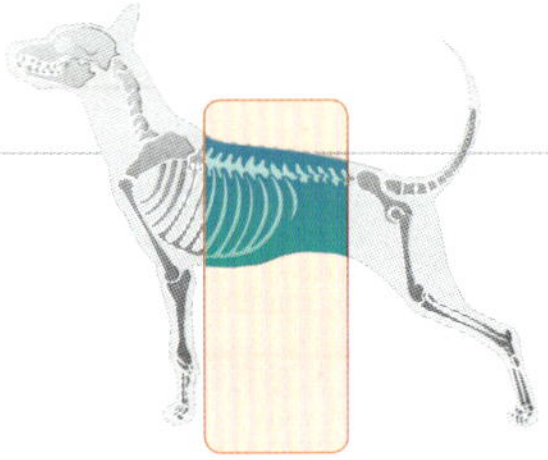

背线

狗狗的背线（背部的轮廓线）应是笔直的，且与地面平行，或者向后略微向下斜。不同品种狗狗的背线可能会有所不同。弓背是指背部中间高起，就像德国牧羊犬和惠比特犬那样。弓背可能导致受伤概率增加，特别是活跃的狗狗。凹背，或者说后躯过高，是指背部的中间低、后部高，可能会导致背部问题。有些斯塔福犬会出现这种情况。

腰部

腰部是指最后一根肋骨至骨盆之间的部分。腰部过长，常见于腊肠犬、柯基犬和巴塞特猎犬，可能会导致腰部结构脆弱以及背部问题，特别是那些需要反复跳跃和落地的狗狗。腰部过短，常见于博美犬和牧羊犬，可能会导致柔韧性比较差。

体重

在评估狗狗的整体身体状况时，应评估其体重和体形。狗狗超重的话，身体结构将承受更大的压力。

如果体重理想，狗狗的肋骨表面覆盖极少量的脂肪，会很容易被触摸到。从上方俯视狗狗时，腰部会很明显。从侧面看时，腹部曲线会很明显。狗狗胸廓末端、腰部下方的轮廓线应略微向上提升。

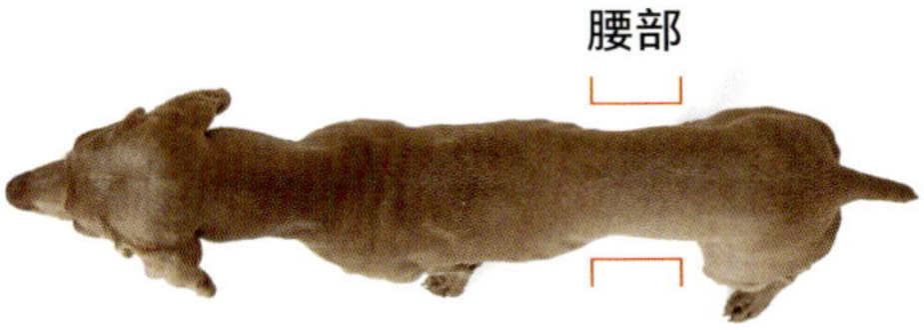

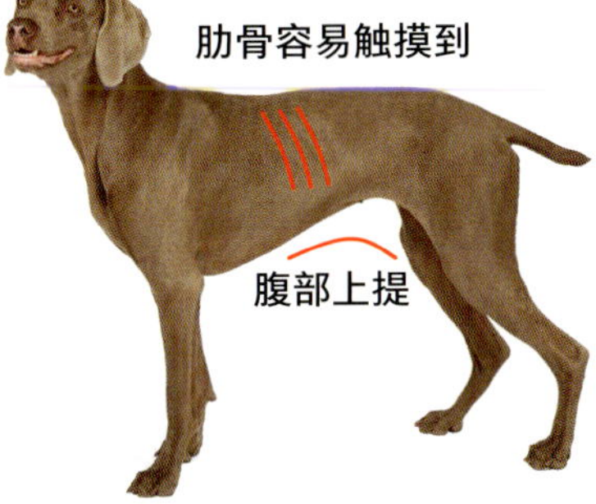

解剖学部位：后躯

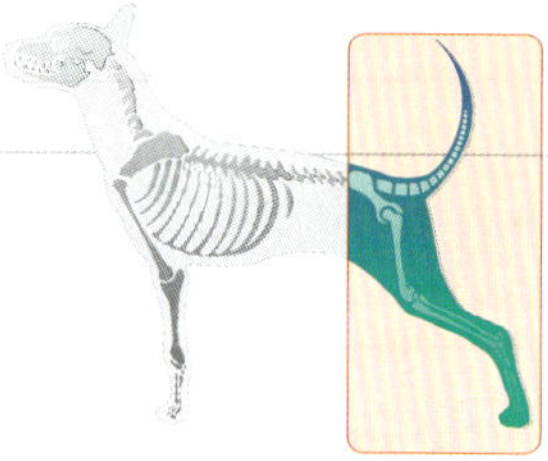

后肢

当狗狗的跗关节垂直于地面时，髋部的最高点（髂嵴）、臀点（坐骨）、膝盖（髌骨）之间应分别成90°角。理想状况下，脚趾应该在臀部后方（有可能随品种而异）。

当后肢角度成90°角时，脚趾位于臀部后下方。如果后肢角度大于100°，则该角度过直。这种情况下，狗狗无法有效跳跃，并且还易导致严重骨折。

如果后肢角度小于80°，就说明后肢弯曲度过大，或者说后肢力量不够。这会使膝盖和髋关节承受过多压力，并可能导致膝关节发炎或后肢肌肉持续紧张。

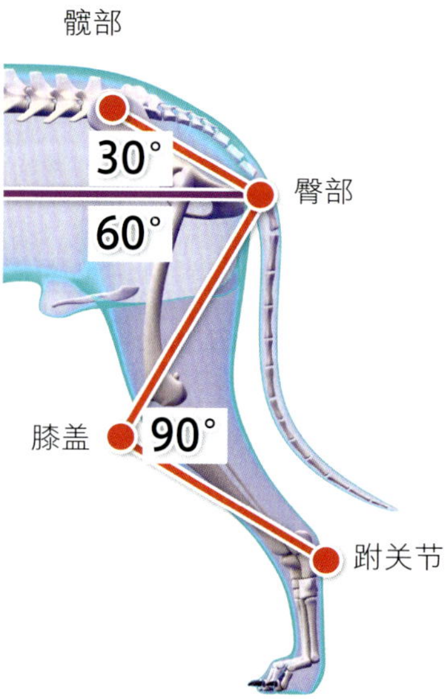

后肢角度

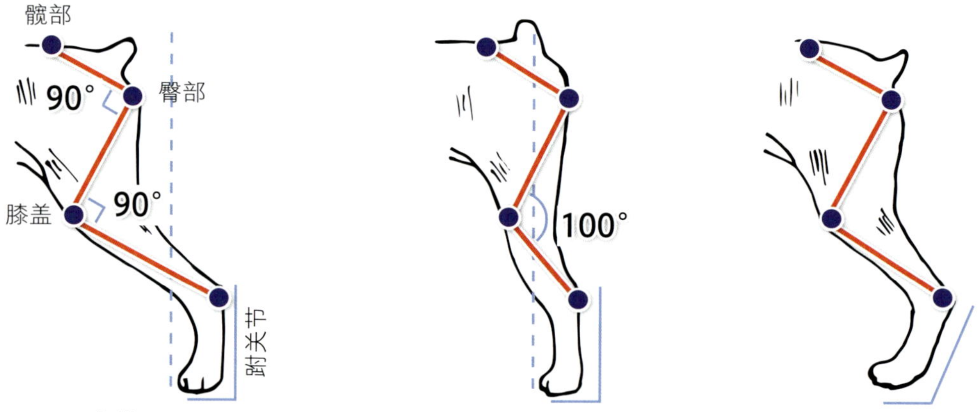

完美

过直

常见于斯塔福犬

过度弯曲

常见于贵宾犬、北部犬种以及德国牧羊犬

髋部

髋部应该能够轻松拉伸和活动。狗狗的后肢可以如右图中那样被轻松抬起。如果狗狗不能轻易完成拉伸运动，则提示可能有僵硬、柔韧性受限或髋关节发育不良的情况。此类问题常见于老年犬，具体情况应由兽医进行评估。

跗关节

从后侧看时，跗关节应该是平的，且与臀部和双脚呈直线，并在小跑时向中线收敛。

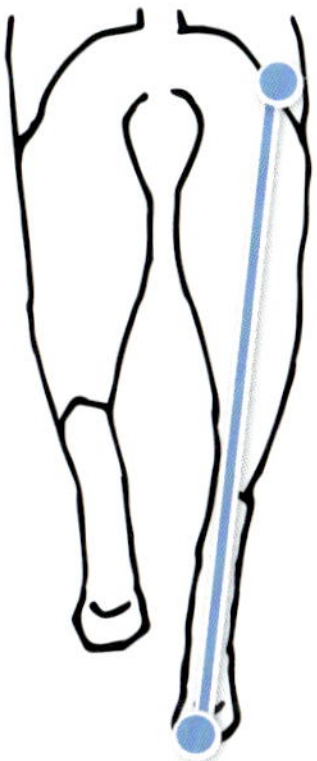

完美的跗关节

牛形跗关节，是指跗关节向内偏转的情况，常见于斯塔福犬以及某些品种的牧羊犬。这种情况可能会导致后肢较弱、跑步效率低下和跳跃困难，导致臀部、后肢和背部受伤。

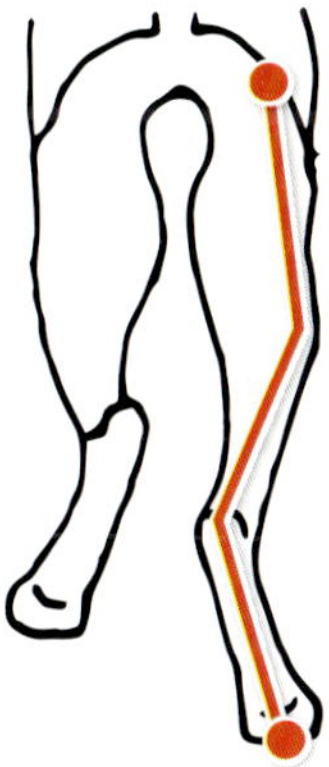

牛形跗关节

O形腿狗狗的跗关节向外偏转。O形腿常见于斗牛犬、拉布拉多犬以及牧牛犬。这种情况更容易导致跑步和跳跃过程中，尤其是起跳时，发生跗关节和膝盖受伤。

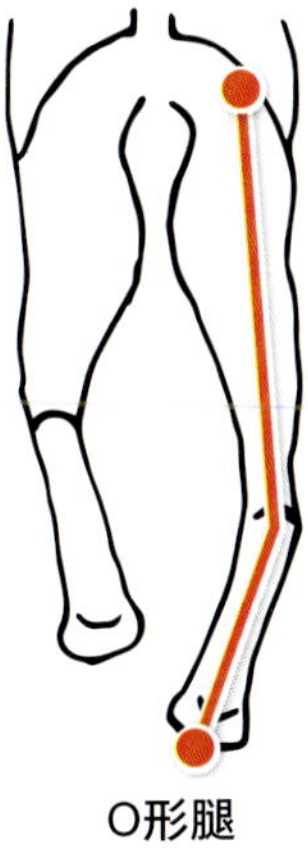

O形腿

第1级

柔韧性

柔韧性练习可以改善狗狗的姿势，防止因肌肉失衡导致的受伤，减少锻炼后肌肉酸痛。

拉伸运动应该在肌肉已经热起来的状态下进行，而不是在肌肉冷而僵硬的状态下进行。在做拉伸运动之前先慢跑几分钟或者活动进行热身。也可以在一节锻炼课程结束后进行拉伸运动，放松肌肉，避免抽筋。

做拉伸运动时应让狗狗感觉柔和、放松，没有不适或者疼痛。狗狗感觉疼痛的表现如下。

- 呜咽
- 回头朝向人的手臂做出要咬的动作
- 嘴角后牵，仿佛在微笑
- 气喘
- 舔嘴唇
- 把腿抽回
- 瞪大眼睛
- 瞳孔放大

柔韧性
平衡性
健身5要素
力量
耐力
协调性

被动运动

技巧：被动运动

好处：扩大四肢关节的活动范围

随着狗狗年龄增长，或者当它受伤后进行康复时，关节活动范围可能会减小。关节活动性减小会导致关节的血流减少和柔韧性降低，可能使关节变得僵硬甚至锁住。

我们用**被动运动**练习来帮助狗狗保持关节的柔韧性。

目标部位：后肢、前肢、背部、髋关节。

锻炼次数：一天2～3次。

锻炼时间：每次1～2分钟。

被动运动练习不需要狗狗自己运动，而是要靠人帮助狗狗的关节在整个活动范围内进行运动。这样可以让关节液变热，促进血液流动，让关节和肌肉感觉更加舒适。

在狗狗放松和安静状态下做这些练习。刚开始的时候先保守一点，然后慢慢加大活动范围。

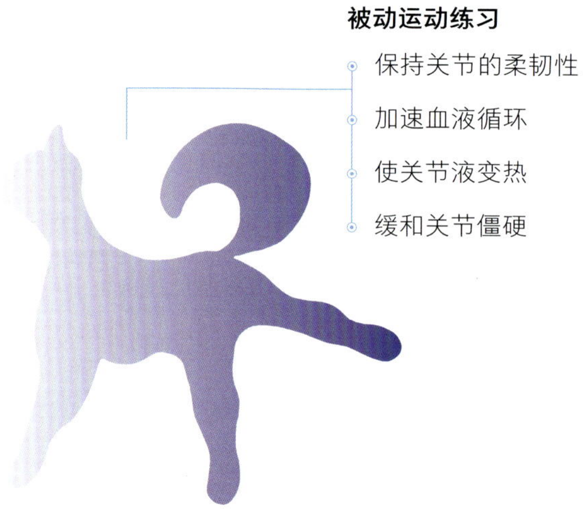

步骤

① 轻柔地帮后肢做骑自行车运动，使膝盖和跗关节在整个活动范围内运动。

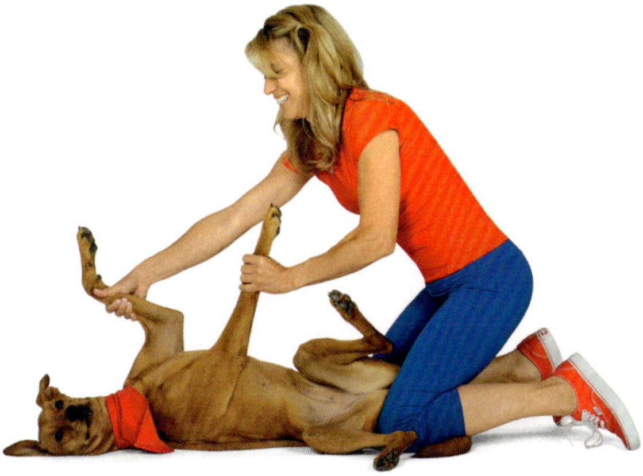

② 帮前肢做骑自行车运动，注意避免让肌肉过分紧张。

③ 扭转脊椎。持续移动后肢，而不要保持一个姿势不变，让脊椎扭转后再伸直。

④ 抬起后肢，打开髋关节，然后再放下后肢。

静态拉伸：前肢

柔韧性

技巧： 静态拉伸，伸展，屈曲

好处： 扩大前肢关节活动范围

目标部位： 肩屈伸肌群、胸肌、二头肌、三头肌。

锻炼次数： 每侧2～3次。

锻炼时间： 每次5～30秒。

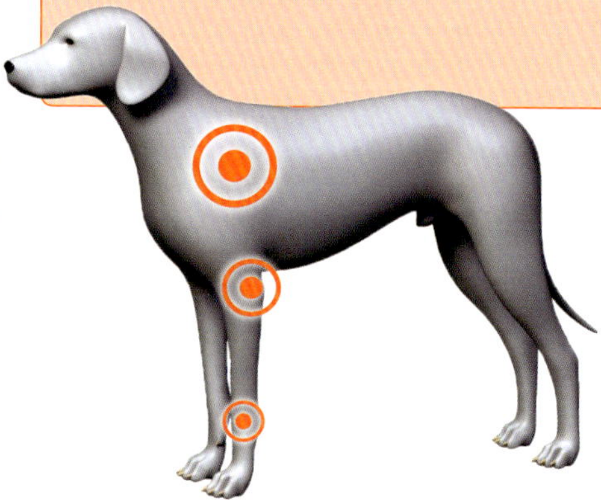

拉伸运动可扩大关节活动范围，加速血液循环并增加狗狗肌肉的氧气含量。

静态拉伸是拉伸运动的一种。在做静态拉伸时，要拉伸至感觉肌肉有一点紧张，然后保持住。在静态拉伸中，没有移动也没有弹跳。

在做静态拉伸时不要急于求成。要观察狗狗对动作的反应，以便了解狗狗何时开始感觉不适（参见第20页）。如果狗狗回缩了，则说明拉伸可能过于剧烈，或者拉伸部位可能疼痛。切勿用力挤压关节或肌肉。当感觉略微有点阻力时，应停止拉伸，保持5～30秒钟。

始终用双手握住要拉伸的肢体。用手掌轻轻托住肢体，以免挤压关节或者使关节紧张。

静态拉伸应在锻炼之后，在肌肉已经热起来的状态下进行。

伸展

拉直关节

1 **超人式拉伸：** 肩屈肌和伸肌可以确保狗狗前肢平稳、正确地运动。一只手托住狗狗的腕部，另一只手托住肘部。

2 张开手掌，向上轻抬狗狗肘部直到感觉略微有点阻力。保持5～30秒。

屈曲

弯曲关节

1 **抱团拉伸：** 托住狗狗的腕部和肘部。

2 张开手掌，向上轻抬狗狗的肘部至其胸部。弯曲狗狗的腕部，直至感觉略微有点阻力。保持5～30秒。

静态拉伸：后肢

柔韧性

技巧：静态拉伸，伸展，屈曲，外展

好处：扩大后肢关节活动范围

拉伸是指刻意屈曲或者伸展某个特定的肌肉或肌腱（或肌群）。定期做拉伸运动可提升肌肉的弹性、控制力、柔韧性以及活动范围。拉伸也用于缓解抽筋。

给狗狗做拉伸时，要留意它左右肢是否有差异。左右肢有差异，可能是当前正在操作的肢体有问题，也可能是对侧肢体在站立或平衡时出现问题。失衡问题应由兽医进行评估。

进行敏捷性运动训练的狗狗经常会发生髋关节屈肌（髂腰肌）受伤的情况。

目标部位：四头肌、髋关节屈肌（髂腰肌）、腘绳肌、臀肌、下背部肌肉、腓肠肌和跟腱。

锻炼次数：每侧2～3次。

锻炼时间：每次5～30秒。

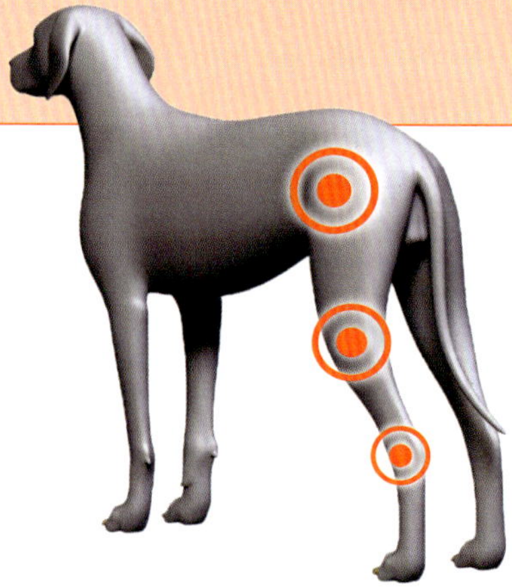

伸展

拉直关节

① **超人式拉伸：** 一只手放在膝关节的位置，另一只手放在跗关节的位置。不要抓住或者拉扯。

② 托住跗关节，向上对膝关节施压，直至狗狗的跗关节和背部呈直线。

屈曲

弯曲关节

① **抱团拉伸：** 一只手放在膝关节的位置，另一只手放在跗关节的位置。

② 弯曲腿部至狗狗的腹部。按压膝关节以及跗关节。

外展

移动肢体使其远离身体中心线

① **高抬腿拉伸：** 一只手放在膝关节的位置，另一只手放在跗关节的位置。

② 将腿部抬高至身体侧面，向上轻轻按压膝关节和跗关节。

平衡性

平衡是一个复杂的系统，需要精神和身体两方面都健康。狗狗要依靠多个身体系统才能保持直立。内耳感受头部的运动，本体感受器传递脚下地面的感觉，两者都对身体保持平衡起着同样重要的作用。当然，视觉系统会通知狗狗是否有障碍物。

太极拳这种人类的运动，通过在一系列姿势下轻轻移动身体，可以同时兼顾身心两方面的锻炼，从而改善人们的平衡能力。在这一章中，我们将让狗狗做类似太极拳的运动。

柔韧性
平衡性
健身5要素
力量
耐力
协调性

抬起爪子，放在平台上

技巧：静态平衡

好处：加强核心以及前臂肌肉力量

平衡有两种类型：静态和动态。静态平衡是指狗狗的身体保持一个固定姿势不动的能力。

狗狗已经习惯于站在地面上时保持平衡，但在本项练习中，它需要挑战当前脚抬起时让身体保持平衡。

本项练习要求狗狗保持适当的姿势。只有当狗狗能够以正确的姿势稳定地进行这项练习时，才可以提高平台的高度。

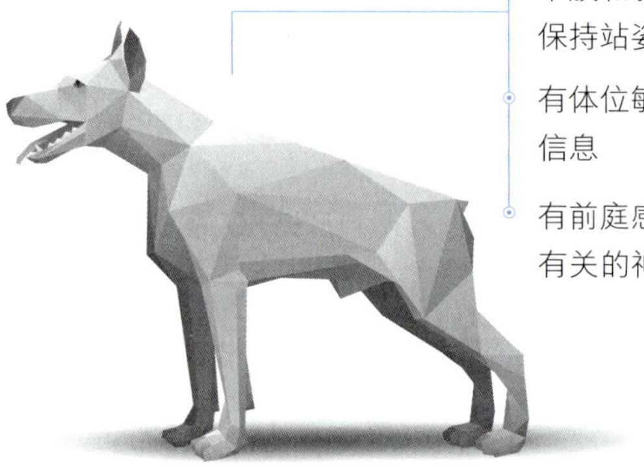

静态平衡要求：

- 下肢和躯干有足够的肌肉来维持身体保持站姿
- 有体位敏感性，可以传递关于体位的信息
- 有前庭感受器（内耳）产生的与体位有关的神经冲动

步骤

1 放置一个低矮、稳固的平台，用零食引诱狗狗将前脚放在平台上。

2 当狗狗仍然保持正确姿势（前脚在平台上）时奖励零食。

3 升高平台。再次慢慢将零食从狗狗的鼻子前方移动到平台中间位置。

4 允许狗狗咬一小口或者舔一下零食，让它保持姿势不动。稍微移动一下零食的位置，让狗狗重新调整平衡。

抬起爪子，放在平衡盘上

技巧：动态平衡、不稳定训练

好处：改善平衡能力，加强核心及前臂肌肉力量

在上一项练习中，狗狗运用了静态平衡能力。而在本项练习中，它将运用动态平衡能力，在运动中或者在切换姿势时保持平衡。

狗狗会利用眼睛、耳朵、本体感受或肌肉感觉来帮助保持平衡。它将学会利用自己的本体感受和大脑快速配合脚下物体的变化。

你是否曾经站在某个会移动的物体上，在脚下打滑的一瞬间产生恐慌的感觉？我们应避免让狗狗发生这样的情况。扁平的平衡盘相当稳定，可以让狗狗增强信心，同时增强肌肉力量和平衡能力。

步骤

❶ 用零食引诱狗狗上下平衡盘。

❷ 让狗狗坐在平衡盘上，不要求做出特定体式。

❸ 增加平衡盘，提高挑战性。只有当狗狗能很好地保持体式时才能增加。

❹ 狗狗会在完成这个新游戏的同时赢得自信心。

❺ 继续用零食引诱狗狗，直到其后脚站在平衡盘上。

骨形健身器

平衡性

技巧：不稳定训练

好处：改善平衡能力，加强全身力量

在不稳定的表面上进行训练可提高狗狗的肌肉活动能力，改善其本体感受和平衡能力，并改善神经肌肉控制能力，所有这些都可以改善其生理功能。

利用不稳定装置和不稳定练习来训练核心肌肉组织是近年来非常流行的一种训练方式。当狗狗在不稳定物体上努力保持平衡时，会收紧身体。

不稳定训练需要狗狗高度集中注意力，因此这项训练还会顺便改善狗狗的大脑和注意力。

在本项练习中，狗狗将学习如何上下充气式骨形健身器，站在骨形健身器上时如何保持平衡，开始接触不稳定训练。

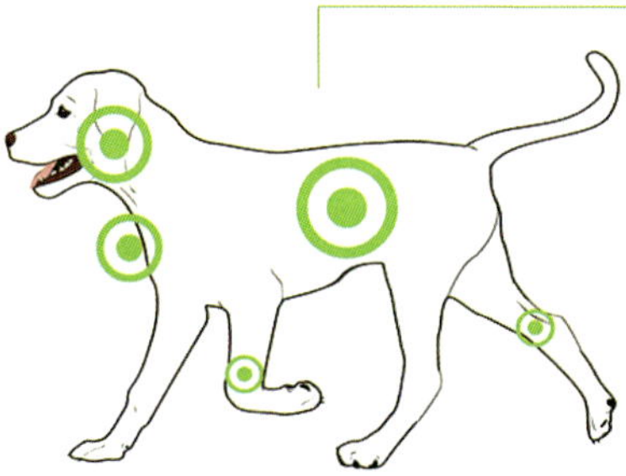

全身性运动调理

- 核心和四肢力量
- 协调性
- 关节健康
- 专注力
- 老年犬加强力量
- 幼犬增强自信心
- 低冲击性疗法

步骤

① 用零食引诱狗狗踩到这个柔软的物体上。

② 用多个骨形健身器连成一条通道，让狗狗的4只脚都踩在上面。将零食放在狗狗鼻子的高度，以便让它的脖子和背部保持在一条直线上。

③ 加大骨形健身器之间的距离，让狗狗不断调整稳定脚和不稳定脚的位置。

④ 把骨形健身器排成细长的轨道状，促使狗狗进行横向平衡调整，激活肩部的活力。

⑤ 3～5分钟的不稳定性训练将给狗狗带来令人惊讶的训练强度。

有氧运动可以加强狗狗呼吸肌（肺脏）和心脏的功能，从而降低血压并增加红细胞数量，增强血液运输氧气的能力，最终提高运动能力。

耐力运动还可以减轻焦虑并提高认知能力。

热身

在每次耐力训练之前，先热身5～10分钟，让狗狗的心血管系统逐渐加速，增加肌肉的血流量。注意选择低强度的运动。

锻炼

按照狗狗的节奏，进行不超过20分钟的有氧运动，提高狗狗的心律、呼吸深度和肌肉耐力。

放松

每次训练后，进行5～10分钟的步行放松，让狗狗的心率和肌肉恢复到正常状态。

耐力

柔韧性
平衡性
健身5要素
力量
耐力
协调性

跑步机

耐力

技巧：有节奏的运动训练

好处：加强心血管耐力

力量

除了评估狗狗在站立状态下的身体结构，我们还希望评估它在运动状态下的身体结构。狗狗跑步机可以让你观察和评估狗狗的步态，检查是否有异常情况。

有节奏的运动训练（RMT）是一种温和的、有节奏的运动体系。RMT常被用于提高儿童的注意力、冲动控制、大脑连接能力、体力和耐力。

长期的耐力训练会使心率降低、心搏量增加、流向肌肉的血流量增加以及肌张力增高。

狗狗的最佳耐力训练方法之一是在跑步机上慢跑。这种运动会均匀地针对身体两侧进行锻炼。选择皮带长度至少为狗狗身长1.5倍的跑步机。逐步让狗狗从低强度至中等强度慢跑20分钟。

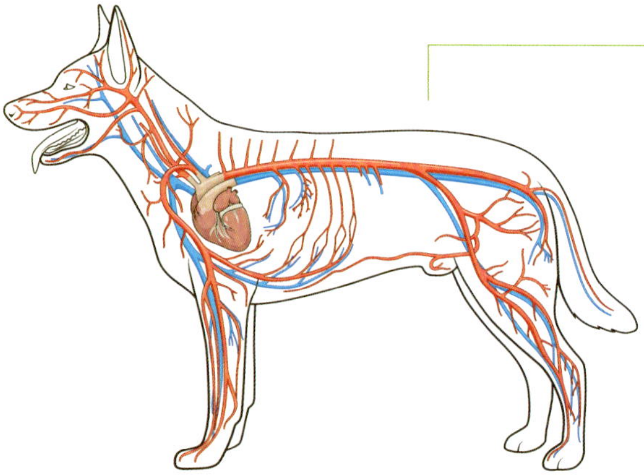

耐力运动的5项好处

- 改善肌肉的有氧能力
- 辅助减肥
- 改善睡眠质量
- 预防和年龄有关的大脑功能减退
- 保持良好的姿势稳定性

步骤

① 在跑步机关机状态下让狗狗熟悉机器。人要亲自站到跑步机上，并且鼓励狗狗来探索。

② 将跑步机设置到最慢一挡，用零食引诱狗狗从跑步机后端上来。

③ 给狗狗戴上胸背带有助于保持稳定性，防止它突然跳下跑步机。将一只手轻轻放在胸背带上，但是不要将胸背带系在跑步机上。

协调性

运动协调性是指身体多个动作相结合完成预期的活动，通常需要几个身体部位或肢体以同步、适时、平稳和有效的方式进行运动。

协调性是一项复杂的技能，不仅需要良好的平衡能力，同时还需要力量和敏捷。它涉及以下两部分信息的集成：本体感受信息（知道我们的身体在空间的位置）和大脑信号（指挥身体往哪里移动）。

良好的运动协调能力对于出色地完成大多数犬类运动项目是非常重要的，尤其是那些需要快速改变速度和方向的运动。良好的运动协调能力可以让狗狗成为更好的运动员，并且不容易摔跤和受伤。

健身5要素
柔韧性
平衡性
力量
耐力
协调性

散乱的杆子

协调性

技巧：敏捷性

好处：改善本体感觉、后端觉知

人们通常开玩笑说“狗不知道自己有后脚”。因为它们看起来好像都是靠前肢在移动，而后肢只是跟随其后。知道如何放置后脚是一项可以轻松提高的技能，并且将有助于防止受伤（例如当搜救犬越过瓦砾或敏捷运动犬穿越狗跑道时）。狗狗这种知道自己的身体部位在空间哪个位置的能力称为本体感受。

在本项练习中，狗狗会通过穿越散乱摆放在地面的杆子来建立自己的本体感受。它需要考虑该把每一只脚落在哪里。

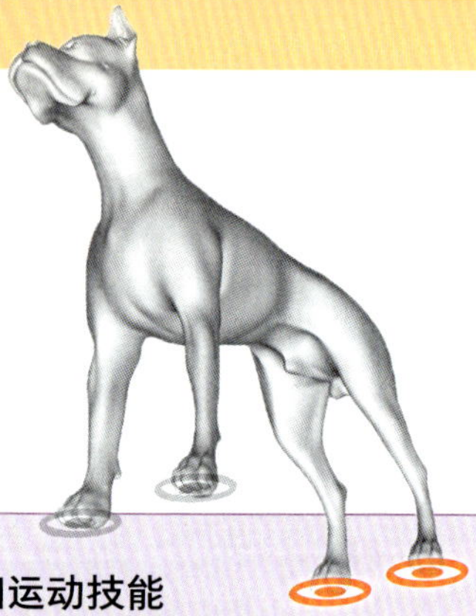

精细运动技能

需要用到狗狗脚趾、跗关节和腕关节上的肌腱、韧带和小肌肉。

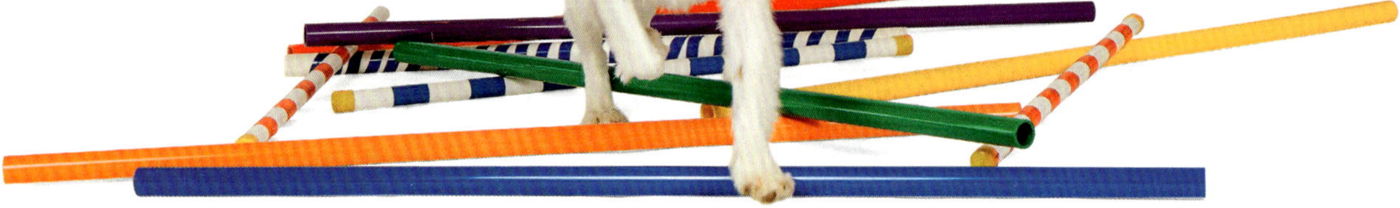

步骤

① 把一些杆子（或者其他物体）散落在地面上。用牵引绳引导狗狗慢慢从这些物体之间走过。

② 在刚开始的几次，狗狗走过这些杆子时，后脚可能会被绊到。但是大约从第5次开始，你就应该可以看到它会刻意地思考后，再选择脚落地。

平台步行道

技巧：连续运动技能

好处：锻炼大肌肉运动技能

狗狗有了地面水平练习（参见第43页）的经验之后，我们可以在升高的平面上进行练习。对狗狗的大肌肉运动技能进行锻炼，例如步行和跑步，需要大肌群的协调运动。

步行和跑步需要协调能力，但没有明确的开始和结束，这就是一种连续运动技能。

在本项练习中，狗狗将会在一条用平台搭建的道路上行走。我们将通过交错、旋转以及随机布置平台来增加挑战难度。

大肌肉运动技能锻炼可以改善

- 核心和四肢肌肉力量
- 姿势控制能力
- 感觉处理能力
- 身体觉知能力
- 平衡能力
- 协调能力
- 肌肉训练计划

步骤

① 用平台搭建一条道路让狗狗走。练习中，狗狗需要看着自己的脚，最好不要用零食诱导。可以在道路的尽头放一点零食，或者在它走到最后的时候给一点零食。

② 逐步加大平台之间的间距。让每一个间距都有所不同，这样可以让狗狗不断地重新评估自己的动作。

③ 将平台对角排列，或者减少几个平台。允许狗狗按照自己的节奏前进。

目标训练：用鼻子触碰人的手

协调性

技巧：目标训练

好处：鼻眼协调、分立运动技能

在本项练习中，狗狗将学习用鼻子去触碰人的手掌。我们将利用这项目标训练技能让狗狗进入到不同的体式中。

鼻眼协调技能需要狗狗有协调视觉信息及根据视觉信息将鼻子引导到特定位置的能力。在人类中，这种技能被称为手眼协调，用于完成诸如接球、缝纫或使用计算机鼠标等工作。

分立技能是指可以观察到开始和结束的技能。类似用鼻子触碰手这样的技能就是一种分立技能。狗狗确定目标，触碰人的手，结束！

目标训练

狗狗健身训练的一项基础技能。我们利用这项技能让狗狗进入某个体式或者上到某个训练器械。狗狗可以学会用鼻子、前脚、后脚、臀部或身体的其他部位来触碰目标物。

步骤

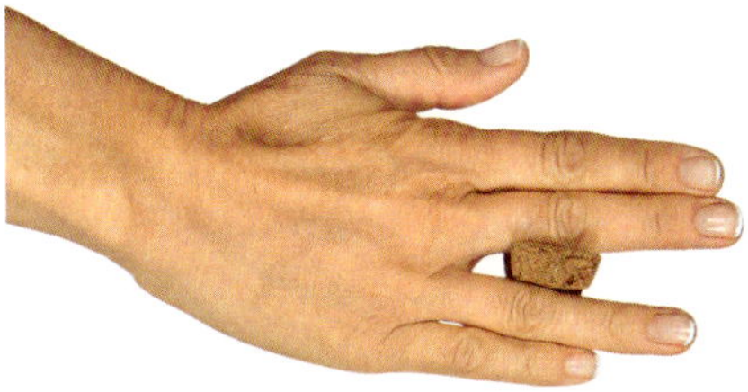

① 把一块零食夹在手指间。

② 把手掌面对狗狗，说口令“碰”。不要把手推向它，要让狗狗主动靠近。让它吃掉手里的零食。

③ 一旦狗狗理解了“碰”的口令，用手作为目标物，让狗狗跳到台座上。

④ 把手掌放在地面上作为目标物，让狗狗跳下台座。

⑤ 把手放在高处，让狗狗以手为目标物，进行核心力量锻炼。

⑥ 把手放在狗狗的前脚之间，做颈部、脊椎的拉伸。

彩虹梯

协调性

技巧：节奏运动训练

好处：改善本体感受、后端觉知

在散乱杆子练习（参见第42页）中，我们让狗狗学会思考把后脚放在哪里。而在本项练习中，我们将在散乱杆子练习的基础上，让狗狗有节奏地跨过梯子，加强它的协调能力。

协调性

梯子练习是狗狗体育运动、健身以及康复训练的基础。

梯子练习旨在提高狗狗的本体感受、协调性及专注力，并且可用于多种不同的训练。

彩虹梯的更多使用方法：

- 迷你障碍（低杆漫步）
- 步幅调节（高杆跨越）
- 高度变化（梯子倾斜）
- 倒退通过
- 只用前肢
- 只用后肢

步骤

① 从低杆开始。用牵引绳引导狗狗慢慢通过。若使用零食，就把零食放低至靠近横杆的位置，让狗狗既能看见零食，又能看见横杆。

② 梯子升高。伸出手指放在低处，让狗狗能集中注意力前进。

③ 把彩虹梯斜着放置。先从低倾角开始，之后再慢慢增大倾角。

④ 狗狗会采用不同的方法越过横杆，有些可能会像兔子一样跳过横杆。

力量

狗狗具有良好的平衡能力可以防止摔跤。但是，一旦狗狗失去了平衡，就需要有肌肉力量来恢复平衡。

力量是指快速施力的能力，例如在跳杆时的推力。快速、有力的锻炼，例如跳跃和侧跨有助于增强力量和改善敏捷性。

在狗狗健身训练中，大部分力量锻炼都是为了加强狗狗的核心肌肉（腹肌、腹斜肌和背肌）力量。加强核心力量是最有益的训练，因为核心部位是用来支持狗狗全身的。

灵活性
平衡性
健身5要素
力量
耐力
协调性

爬行通过隧道

力量

技巧：造型

好处：加强核心、前后肢、髋关节屈肌（髂腰肌）力量

狗狗身体的核心肌肉是指腹肌、腹斜肌和背肌。狗狗做任何事情时几乎都会用到核心肌肉。核心肌肉是支撑直立姿势的稳定器，能保护狗狗的脊椎。核心力量不足会导致姿势不佳，使背部、肩部、颈部、髋关节和膝盖出现问题。这种爬行通过隧道练习通过让狗狗在低矮的空间里爬行来增强其核心以及四肢力量。

造型是指使用器械来激发某种行为的训练技巧。你可以利用几张椅子来搭建一个爬行隧道。

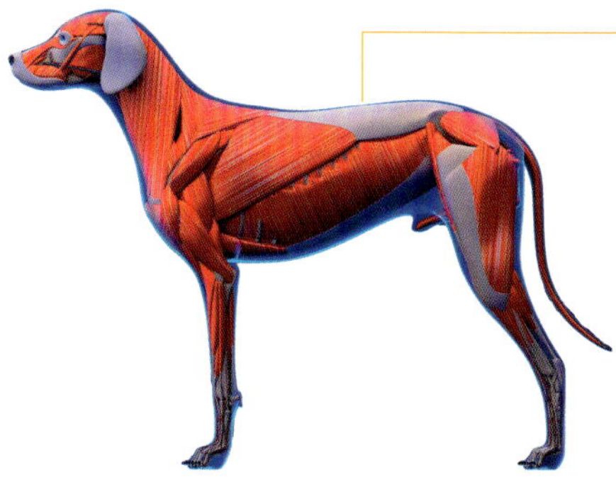

加强核心力量的5项好处

- 保护背部，让背部不易受伤
- 增强稳定性，减少对四肢的压力
- 让重心更稳，改善平衡
- 改善身体姿势
- 改善锻炼和体育运动时的表现

步骤

1 用玩具或者零食诱导狗狗钻过顶部较高的隧道。

2 略微降低隧道顶部高度，让狗狗再钻一遍。狗狗更愿意在用草或者毯子等制成的软性顶部下爬行。

3 隧道顶部降到很低时，狗狗不得不匍匐前进。在这个高度，可能得一直用零食在它鼻子前进行诱导。

跳杆

技巧：爆发力

好处：加强后肢力量

爆发力是指在最短的时间内产生最大的力量，例如跳过横杆。爆发力大小的关键是运动的速度。

后肢肌肉强壮可以提高狗狗的速度，增强爆发力，并帮助它跳跃和伸展后肢。强壮的后肢有助于狗狗躺下后起身、上楼梯、跳跃和奔跑。随着狗狗的衰老，后肢肌肉通常是最先萎缩的，因此，对于狗狗来说，终身进行后肢锻炼非常重要。

后端力量

后端由臀部肌肉、膝关节、下背部（腰部）和跟腱组成。后端负责爆发力和力量。

步骤

1 将横杆的高度设置得低一点。先助跑一下以便让狗狗兴奋起来，然后人和狗狗一起跳过横杆。

2 接着，人在横杆的侧面跑，同时用身体给狗狗施加压力让它跳杆。如果使用牵引绳，应让绳子保持松弛状态。

3 假装手里拿着一条隐形牵引绳，而不是真的使用牵引绳，然后让狗狗去你想让它去的地方。

4 逐渐增加横杆高度。要用那种被狗狗踢到即会掉落的横杆。注意地面要有足够的摩擦力，防止狗狗打滑。

跳圈

力量

技巧：爆发力

好处：加强前后肢力量

狗狗的前端由颈部、肩部以及前肢组成。

前肢主要负责承重和稳定。它们用于转身、落地、移动后减速或停止。狗狗身体的大部分重量都落在前肢上。加强狗狗的前端肌群，可以改善其在跑步、落地或者在不稳定表面上行走时的稳定性。

跳圈练习在起跳时可以锻炼狗狗的后端肌群，在落地时则可以锻炼前端肌群。

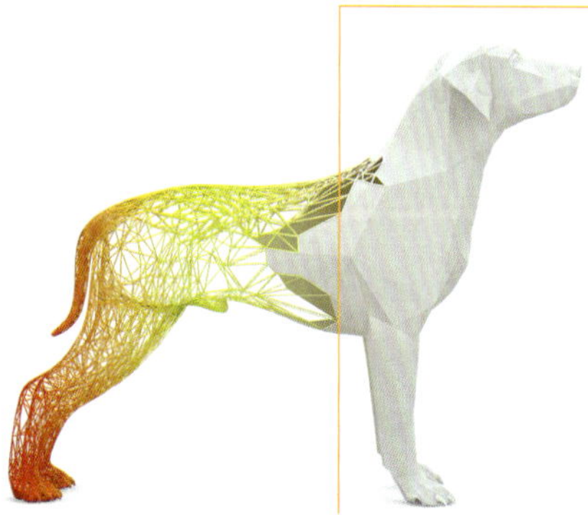

增强前端肌群力量可以

- 增强站立或者攀爬时的稳定性
- 降低落地时受伤的风险
- 增强在不稳定表面的平衡能力
- 提高奔跑时转身的敏捷性
- 提高奔跑时突然停止的敏捷性

步骤

① 让狗狗认识跳圈。刚开始，狗狗可能会有点害怕这个跳圈，尤其是那种会发出响声的跳圈。

② 一只手拿着跳圈放在狗狗面前，另一只手拿零食诱导狗狗钻过跳圈。刚开始，可能需要一直把跳圈贴着地面。

③ 把跳圈拿高一点。用手指指示，同时用鼓励的语气发出“跳！”的口令，以此来激励狗狗高高地跳起，然后用零食奖励。

④ 狗狗落地时会有受伤的风险。一定要让狗狗在摩擦力大的地面（例如草坪）上跳圈，并让它保持直线跳跃。

靠墙站立

技巧：爆发力

好处：加强背下部力量，增加髋关节屈肌（髂腰肌）的柔韧性

靠墙站立练习旨在建立狗狗的核心力量。狗狗将会用爆发力抬高身体前端，从四肢着地一下子变成直立的姿势。

根据品种、体重、后背长度和年龄的不同，狗狗在进行本项练习时的能力也会有很大差异。例如，让一只吉娃娃犬靠墙站立就比一只罗威纳犬要容易得多。

长背犬种

背部较长的犬种，例如腊肠犬和柯基犬，更容易发生椎间盘突出，导致从轻微的背部疼痛到瘫痪等不同程度的问题。背下部的锻炼对于这些狗狗来说尤其有益，可以预防背部受伤。

步骤

① 手拿一块零食，贴着墙壁，放在与狗狗鼻子同高的位置，引起它的注意。

② 把零食沿着墙壁慢慢移到高处，不要让狗狗碰到。如果狗狗不追零食，就上下移动零食来引诱它。

③ 当狗狗进入正确体式（贴墙直立）时，让它咬几口零食，使它能够保持3秒钟。

第2级

在第1级中，我们进行了静态拉伸，即手动拉伸狗狗的肢体，并保持在最终位置上。

而**动态拉伸**则是指运动拉伸，即狗狗在整个关节活动范围内进行缓慢的、受控的运动。与静态拉伸不同，在动态拉伸中狗狗不会保持在一个位置不动，而是一直在运动，或者说一直处在动态中。动态拉伸可以让肌肉热起来，并促进血液流向该区域。动态拉伸并不是改善柔韧性的最佳方法，但却是运动前热身的好方法，并且已经被证实可以改善运动表现。

在拉伸之前或之后，给狗狗进行治疗性按摩将对它有帮助。这种治疗性按摩可以增加关节的活动性和柔韧性，有助于修复疤痕组织、促进愈合、减轻压力。

柔韧性

柔韧性
平衡性
健身5要素
力量
耐力
协调性

动态拉伸：颈部，趴下

柔韧性

技巧：动态拉伸、旋转拉伸

好处：加强颈部的柔韧性

狗狗经常转动脖子来观察周围的事物。狗狗颈部的肌肉非常小，因此很容易因为各种应力而紧张。而颈部柔韧性的降低会让狗狗抬头看主人的能力受限，或者妨碍它在各项运动中做出出色表现。拉伸颈部肌肉可以加强颈部的柔韧性，让颈部活动范围更大。

目标部位：颈部、颈椎及脊椎肌肉。

锻炼次数：每侧5次。

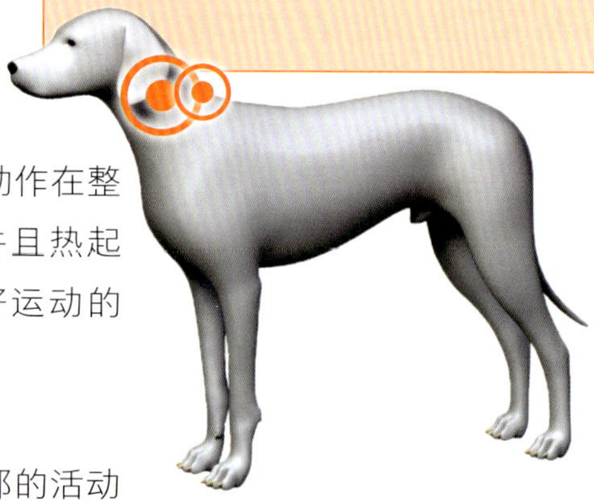

动态拉伸可以帮助狗狗以连续、流畅的动作在整个活动范围内活动颈部，让肌肉得到拉伸并且热起来，同时促进血液流动，让狗狗的身体做好运动的准备。

先从小范围活动开始，然后慢慢扩大颈部的活动范围。

颈部较短的狗狗

在做这项练习时颈部活动范围较小

步骤

1 先让狗狗趴下，手中拿一点零食放在它的鼻子前面。它不必做成图中所示的狮身人面像姿势，而是可以歪斜在一侧臀部上。

2 将零食从狗狗的鼻子前面移动到它的肩胛骨处。把零食放低一点，靠近狗狗的胸部。用另一只手稳定它的脖子，并感受其颈部肌肉。

3 把零食抬高，放在它的脊背处。注意观察不同的肌肉是如何伸展的。注意观察狗狗是否会出现一侧颈部比另一侧柔韧性要好的情况。

动态拉伸：颈部和脊椎

柔韧性

技巧：动态拉伸

好处：改善颈部和脊椎的柔韧性

通过拉伸来增加身体的柔韧性是健身的基本原则之一。运动员们通常会在运动的前后做些拉伸来减少受伤的风险以及提高运动的成绩。

请把定期进行颈部拉伸列入狗狗的锻炼计划中。保持颈部的柔韧性有利于狗狗的健康，而且只需要几分钟时间。

颈部可以向4个方向运动，因此我们在帮助狗狗做颈部拉伸时也应该顺着这4个方向。不同品种狗狗在颈部的活动性上或多或少会有差异，短颈犬（例如斗牛犬）的头部可能无法达到两爪之间。

目标部位： 脊椎、颈部及肩部肌肉。

锻炼次数： 每个方向2～3次。

步骤

① 让狗狗四脚着地站立，拿一块零食放在它的鼻子跟前。

向下

② 诱导狗狗的头部向下移至双脚间，让脊椎保持在一条直线上。如果可以，让它咬几口零食。

向上

③ 用零食诱导狗狗头部向上伸展。让狗狗咬到或者舔到零食，以使其保持在该体式上。

向右

向左

④ 用双腿轻轻夹住狗狗。把零食先向左移，然后再向右移，让狗狗的颈部做侧面拉伸。

动态拉伸：沉肩

技巧：动态拉伸、伸展

好处：改善肩部的柔韧性

由于肩部必须沿多个方向运动，因此需要在所有运动方向上都具有柔韧性。

狗狗的肩部承担着60%的体重，肩部和胸部肌肉承受了很大的压力，结果就可能发生痉挛、损伤、炎症等情况。沉肩拉伸练习可以伸展那些紧张的肌肉。肘部有问题的狗狗不要做本项练习。

为了让本项拉伸练习收到最好的效果，应在拉伸前先热身，并在拉伸结束后给狗狗做一下按摩。

目标部位： 肩部及胸部肌肉。

锻炼次数： 7～10次。

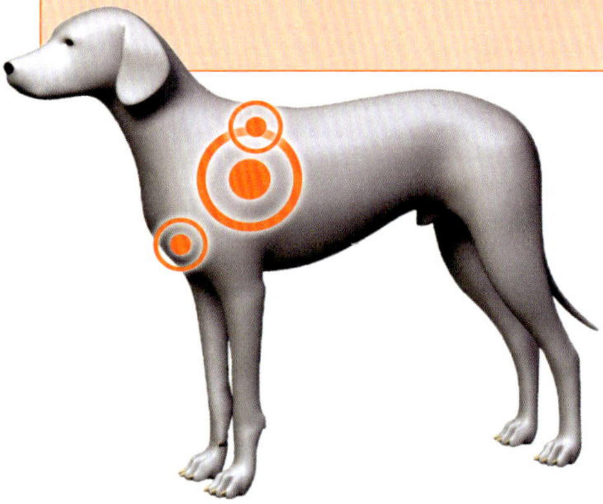

拉伸小贴士

- 拉伸前先热身
- 力求对称锻炼
- 重点放在主要肌群
- 要慢慢起身
- 拉伸后保持一段时间
- 不要让狗狗感到疼痛
- 定期地、长期地做拉伸练习

步骤

1 用零食诱导狗狗把前脚抬起来，放到一个平台上（参见第30页）。

2 慢慢把零食移到平台边缘。这样应该可以让狗狗下沉并且伸展肩部。

平衡性

在过去的10年中，传统的训练方法已经转变为更实用或更全面的各种方法。

包含平衡性或稳定性因素的运动已变得司空见惯。不稳定训练是指训练狗狗在不稳定表面上运动时能够控制身体的姿势。

在不稳定的表面上锻炼会增加肌肉的活力，改善本体感受、神经肌肉控制能力以及平衡协调能力。

在第2级的练习中，我们将会增加更多的不稳定训练。不稳定训练利用不稳定的表面来加强核心或者躯干的肌肉力量。

平衡与稳定运动可增强身体的觉知能力，促使重心转移和肌肉收缩，并改善平衡能力。

健身5要素
平衡性
耐力
协调性
力量
柔韧性

抬起爪子，放在平衡板上

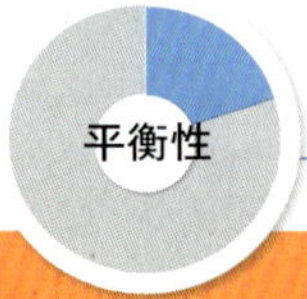

技巧：动态平衡

好处：改善平衡能力和反应时间

平衡板是一种运动器械，用来改善平衡能力，增强功能性肌肉力量，提高专注力。还可以增强狗狗小腿的肌肉力量，从而稳定腕关节和跗关节。

平衡板有各种形状和大小，但基本上都是一种在底部有一个小部件（通常为半球形）的板。当狗狗踩到平衡板上时，板会倾斜，从而造成一个不稳定表面让狗狗来保持平衡。半球的高度越低，产生的摆动幅度越小。

因为狗狗必须从无法预测的倾斜中迅速恢复平衡，所以平衡板训练可提高狗狗运动时的反应速度以及反应时间。平衡板通常用于理疗。

对于幼犬非常有益

平衡板是最早让幼犬接触的健身训练项目之一。

快速反射有助于提高运动表现并减少受伤概率，因为狗狗可以在失去平衡后更快地恢复平衡。

步骤

① 人用脚抵住平衡板或者用手扶住平衡板，以减少晃动。用零食诱导狗狗踩到平衡板上。

② 沿着平衡板四周移动零食，让狗狗不断改变重心。

③ 继续用零食诱导，让狗狗向前移动，把后肢也站上来。晃动方式无所谓正确或者错误。

④ 如果狗狗在平衡板上找到了平衡，就沿着不同的方向移动零食让它晃动起来。

站在花生球上

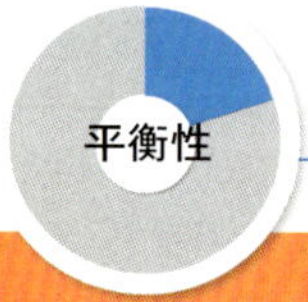

技巧：不稳定训练

好处：加强核心以及前后躯稳定肌群的力量

能让身体的各项机能运作良好、不受伤的关键是平衡的肌肉，即肢体或躯干两侧的肌肉生长均匀。

当一组肌群的力量远大于另一组肌群时（例如当股四头肌比腘绳肌更强壮时），就会在髋关节、膝关节以及肩部造成补偿连带效应。

当我们在一个不稳定的物体如充气花生球上对狗狗进行训练时，它全身的肌肉都会参与运动。而那些比较薄弱的肌肉将会得到最大锻炼效果。

不稳定训练

当狗狗站在花生球上时，花生球会开始震动，这非常好！这种震动就是让狗狗锻炼。

锻炼时间：每次5～30秒。

锻炼次数：重复数次，总共1～3分钟。

步骤

1 用两个魔法围栏固定住花生球。在两端各放置一个平台以保证安全。通常用零食诱导会比较容易让狗狗接受花生球。

2 让狗狗自己决定何时把脚踩到花生球上，以避免受伤。刚开始只要两个脚踩上去就可以了。

3 有时候狗狗会失去平衡，从花生球上摔落。因此要一直用一只手保护狗狗。

4 有控制地退出。不要让狗狗在花生球末端直接跳下。手拿零食低低地放在平台上，让狗狗慢下来，并且让它小心地下来。

平衡木

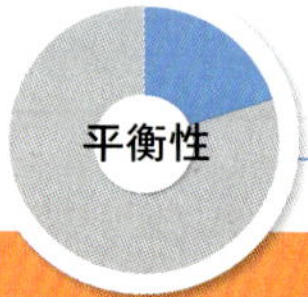

技巧：横向平衡能力

好处：改善平衡能力、本体感受能力及反应时间

本项练习非常简单，但是通过这项练习，可以同时完成几件事情。锻炼狗狗的横向平衡能力（从一侧到另一侧的平衡），还会锻炼狗狗快速反应（可以训练狗狗具有更快的反射能力）所需要的周边视力和深度感知能力。

平衡木练习同时也有利于其自信心的建立。

小贴士

狗狗会从侧面跳下平衡木吗？可以把平衡木靠墙放置。人用身体从另一侧挡住它。

步骤

① 用两个稳固的平台架好平衡木。手里拿一块零食放在靠近平衡木的位置（这样狗狗既能看见它的脚又能看见平衡木）。

② 保持用零食诱导。用另一只手保护狗狗的身体以免它摔落或者在中途跳下平衡木。

③ 手里多拿一些零食。边走边给狗狗零食，或者干脆把零食一路沿直线放在平衡木上。

④ 结束端要控制好。狗狗可能会一下子跳下平台，这样不好。用口令或者手势让狗狗先慢下来。

耐力有两种类型。

心血管耐力是指肺和血液循环系统为工作肌肉提供足够氧气的能力。我们在第1级中所学的一些练习，例如在跑步机上跑步，就属于这种类型的锻炼。

肌肉耐力则是第二种类型的耐力，是指肌肉在整个体力活动时间内能够发挥作用的能力。

肌肉耐力训练

高频次的中等或低负重**抗阻训练**是增强肌肉耐力和力量的最有效方法。在第2级中，我们将用抗阻训练来增强狗狗的肌肉耐力。

耐力

柔韧性
平衡性
健身5要素
力量
耐力
协调性

负重拖拉

耐力

技巧： 抗阻训练、高强度间歇训练

好处： 全面增强肌肉力量和耐力

力量

在本项练习中，通过让狗狗拉轮胎来进行抗阻训练（负重训练）。做这项练习有几种方法。

有氧运动

让狗狗拉不太重的东西，时间较长。

肌肉耐力

让狗狗拉较重的东西，训练的重点在于加强肌肉力量而不是心肺功能。

高强度间歇训练

对人类的研究显示，做3组30秒的高强度爆发力运动，每组中间休息1分钟，对心血管健康有益，相当于慢跑30分钟。

步骤

1 给狗狗佩戴好合适的牵引绳，例如用来拉雪橇的那种。这种牵引绳在狗狗背部靠近后端的部位有一个衬垫和环形结构，用来分散重量。连接一个轻型轮胎，让狗狗拉着轮胎走一小段路到它的食盆边上。

2 狗狗适应以后，可以增加轮胎的重量，如换成一个大一点的轮胎。大多数狗狗将不再需要食物奖励，只要能和你一起奔跑就会有动力。

协调性

狗狗的协调能力有很大一部分依赖于它的视力。通过训练可以改善狗狗的中心视力、周边视力以及快速准确地做出反应的能力。这将加强它的眼睛、大脑和本能反应之间的神经肌肉通路，从而改善它的反应时间。

练习给狗狗扔网球或者零食，可以改善它的中心视力，从而增强眼口协调能力。而向狗狗的头顶或者略微偏左或偏右抛球或零食则可以改善它的周边视力。刚开始狗狗可能会经常接不到，但随着大脑的适应，反应会越来越快。

在这一章里，狗狗将学习用鼻子来触碰目标杆。这一项有用的练习将会改善狗狗的眼鼻协调能力。

柔韧性
平衡性
健身5要素
力量
耐力
协调性

目标训练：触摸板

协调性

技巧：目标训练

好处：用来让狗狗定位的基础技能

在之前的练习中，狗狗学习了如何用鼻子来触碰一个目标物（训犬师的手、圆盘或者目标杆）。在本项练习中，狗狗将要学习用脚来触碰目标物。

触摸板不仅可以用作让狗狗到指定地点去的一种训练工具，而且当我们在做二上二下的练习（一种让狗狗把前脚放在标记物上的练习）时，它也会是一种有用的健身器械。

好的触摸板应有一定的摩擦力，并且有约5厘米的厚度。

目标训练

- 用鼻子触碰人的手。
- 用鼻子触碰圆盘。
- 用脚触碰触摸板。

步骤

1 把触摸板放在某个物体上面或者某个物体里面，例如放在魔法围栏内，会让狗狗更容易学会使用触摸板。

2 向狗狗下达“目标！”的口令，同时诱导它进去。当它踩到触摸板上时奖励零食。

3 把魔法围栏翻过来，让它变得低一点。再试一遍，诱导狗狗进去。

4 移除魔法围栏，让狗狗去踩触摸板。每当狗狗处于正确姿势，即踩在触摸板上时，奖励零食，不要在它下了触摸板以后才奖励。

迷你障碍

协调性

技巧：步幅调节、节奏运动训练

好处：改善节奏感，改善本体感受

协调性

迷你障碍是一系列小型的、有规律间隔的障碍物，用于改善狗狗的平衡能力、调整步幅、放松和加强肌肉。通过迷你障碍训练，狗狗将学会以一种更加刻意的方式来伸展、抬起和使用四条腿，这样可以建立狗狗的自信心并改善它的本体感受能力。

迷你障碍通常以6个为一组的形式使用，成排放置，也可以以任何方式来设置。使用低高度障碍，可以鼓励狗狗迈出适当的步幅。把障碍之间的间距设置成比狗狗的自然步幅更小或者更大，可以鼓励狗狗拉长或者缩短步幅。

当障碍高度设置得较高时，这种训练就变成了小步跳跃，可以引导幼犬跳跃。

步骤

1 把迷你障碍的高度设置成贴近地面，且间距相同，用零食诱导狗狗通过。手拿零食放在地面，让狗狗既能看到自己的脚又能看到零食。

2 做了几次训练之后，用牵引绳代替零食，因为零食会让狗狗分心。

3 把迷你障碍的高度调高。不用教狗狗如果通过迷你障碍，只要带着走几遍，它自己就会改进。

4 尝试把障碍间距调成不相等，注意观察狗狗的步幅将如何变化。和所有的练习一样，让狗狗从两个方向进行训练。

转小圈

协调性

技巧：目标训练

好处：改善落脚能力、本体感受能力、平衡能力

平衡和本体感受是并存的。良好的平衡可以使狗狗的重量均匀分布，而良好的本体感受则可以防止狗狗被自己的脚绊倒。

当狗狗保持4只脚之间距离较大的站姿时是最容易保持平衡的。而当4只脚全部放在一个很小的地方时，保持平衡就会变得困难得多。

狗狗的本体感受丧失会导致在想要走路时拖腿、绊倒、协调性降低或者在迈步时不恰当地放下脚。

这些情况有可能是神经系统出现问题的征兆，应由兽医进行评估。

本体感受能力降低通常发生在下列情况：手术后（例如十字韧带手术）狗狗没有将受伤的腿正常地放在地面上，背部受伤后，狗狗患有某些慢性疾病（如退行性脊髓病）时。

挑战狗狗平衡能力的运动对于重新训练本体感受至关重要。

当体重分布在患肢上时，不但患肢会随之变得更强壮，而且狗狗还能学会感知自己的脚所站立的表面类型。在本项练习中，我们将通过让狗狗转小圈，让它有意识地抬起并放置每只脚，从而训练它的协调能力。通常情况下，狗狗会更擅长往某一个方向旋转，因此，两个方向都要加以训练。

狗狗康复训练

- 按摩
- 拉伸
- 平衡练习
- 协调练习
- 力量练习

步骤

① 让狗狗站在一个小的平台上。手里拿一块零食或者目标盘，放在它鼻子的高度。

② 绕着平台行走，鼓励它跟着人的手转圈。

③ 或者，把狗狗的脚限制在魔法围栏中，做同样的练习。

④ 组合不同的器材，试着让狗狗在健身球上面转圈。

彩虹梯：只用前肢

协调性

技巧：横向移动

好处：改善本体感受、前端觉知

在第1级中，狗狗学会了如何设法通过梯子的横杆，即向前行走。而在本项练习中，狗狗将需要用前脚从侧面通过梯子。侧步行走，或者说横向移动，对狗狗来说不是一个自然的行为，可以通过练习来加以改善。

锻炼次数： 每侧3～4次。

步骤

❶ 把梯子横杆的高度设置成最低。用零食诱导狗狗将两只前脚踏进彩虹梯中。

❷ 让狗狗咬到一点零食以使它的头部保持在横杆中央上方的位置。用你的腿部推狗狗，使其后端侧移。

❸ 提升梯子横杆的高度。手里拿着零食诱导，让狗狗的头部略微高于身体后端，避免让它的后端领先。

❹ 两个方向都进行练习：向左侧跨步和向右侧跨步。

力量

在第1级中，我们了解了加强狗狗核心力量的重要性：核心力量薄弱会导致狗狗的髋关节、膝关节、肩部和颈部出现一系列问题。

在第1级中，我们还进行了加强后端力量的训练，例如跳跃；以及加强前端力量的练习，例如落地、停止以及转身。

在第2级中，我们将引入加强颈部肌肉力量的锻炼，以增强力量和稳定性。颈部肌群是经常被忽视的，实际上，颈部肌群至少应该获得和其他肌群相同的关注。

颈部肌肉每天通过各种活动（伸展、向前屈曲、横向屈曲和旋转）来移动狗狗的头部。通过抗阻练习可以加强这些肌群的力量，从而帮助这些肌群更有效地发挥作用，并且可以预防颈部疼痛或者背部受伤等可能令狗狗身体虚弱的问题。

健身5要素
柔韧性
平衡性
耐力
协调性
力量

颈部练习：推毯子卷

力量

技巧：抗阻训练

好处：加强颈部伸展肌群力量

加强颈部力量是一项非常有益的狗狗健身计划，然而却常常被忽略。随着狗狗日益年迈和衰弱，它会经常把头垂向地面。

这项练习是针对那些让狗狗保持抬头姿势的肌群：斜方肌（位于颈部后侧）和臂头肌（位于颈部两侧）。还有许多较小的颈部肌肉也将从这项练习中获益。

加强颈部力量

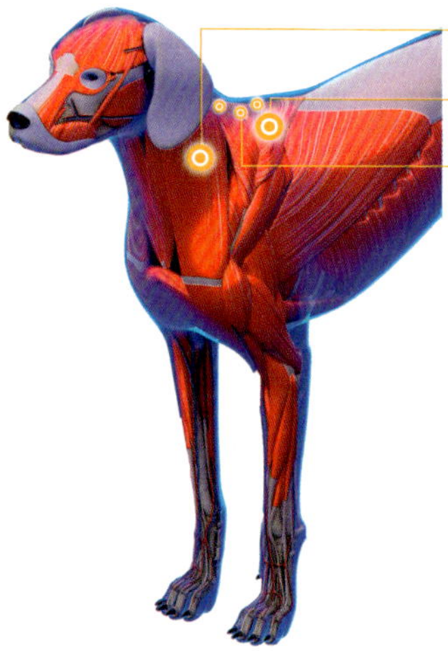

步骤

1 准备一块桌旗或者走廊地毯。在上面纵向沿直线每隔大约15厘米放置零食。让狗狗看着你把毯子卷起来。

2 指给它看第一块零食，并让它吃到。当它轻轻推动卷好的毯子时，下一块零食就会露出来。如果狗狗失去了兴趣，就把毯子展开，给它看零食，然后再重新卷好。

3 当狗狗熟练了之后，就可以不再沿直线放置那么多零食，只是在最后放一块狗饼干就可以了。

抬起爪子，放在人的胳膊上

技巧：爆发力

好处：加强核心、背部伸展、胸肌和腰肌、后端力量

狗狗的胸肌和腰肌（轴上肌）位于脊椎的两侧。脊椎的这个中心部位起到桥梁作用，为狗狗的前后肢提供支撑。它们还有助于保护狗狗的脊椎，并为身体其他强壮的肌肉群提供支撑。

本项练习将训练狗狗利用背部以及后肢肌肉力量抬起前脚放在人的手臂上。或者，如果狗狗无法自己用爆发力抬起前脚（可能是因为年纪较大、超重或者体形较大等原因），则可以用手把它的爪子抬起来放在人的胳膊上，让它自己保持该体式。

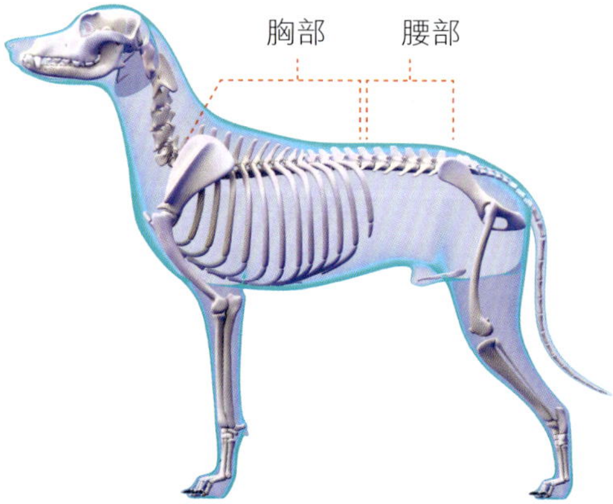

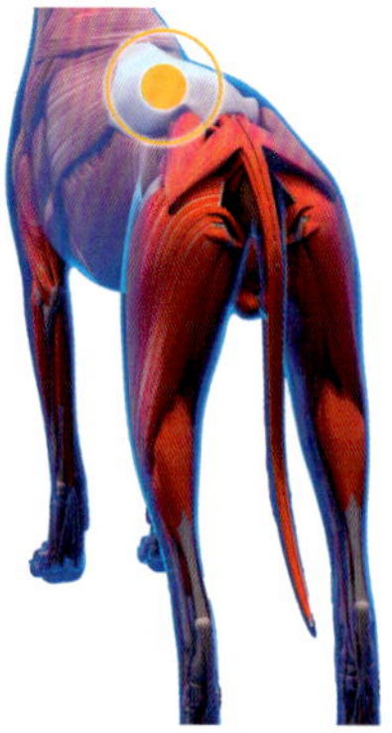

轴上肌

步骤

① 狗狗已经学会将爪子抬起放在平台上（参见第30页），现在让它把爪子抬起来放在一把稳固的椅子上。

② 人坐在椅子上，然后让它把爪子抬起来放在人的大腿上。

③ 诱导它把爪子放在人的胳膊上。人保持坐在椅子上不要动，因为如果人的身体保持稳定不动，狗狗会更有信心。

④ 如果狗狗足够高，人可以站立着，让它把爪子放在人的胳膊上。

平台跳跃，定点落地

力量

技巧：定点落地

好处：加强后端及前肢力量，教狗狗做起跳准备

狗狗跳跃时，我们希望它能跳出一个完美的弧线并且笔直、平坦（而非垂直）地落地。这样在赛跑中会跑得更快，更少撞杆，而且也更不容易受伤。可以通过定点落地训练来教狗狗正确跳跃。

在定点落地训练中，让狗狗从一个平台跳到另一个平台，把落地作为训练整体的一个部分，迫使它在跳跃时先经过思考。这项训练可以教狗狗有意识地进行起跳准备。在平台之间，用一个跳圈来达到我们所希望的跳跃高度和弧度。

平台跳跃用的是爆发力，当狗狗起跳时利用的是后端力量，而落地时则用到前端以及肩部的力量。

定点落地

定点落地练习教狗狗如何做起跳准备、跳跃和落地。我们可以变换3种形式。

- 平台之间的距离
- 平台的大小
- 跳圈的高度

自信心

高弧度跳跃

进行越过横杆的跳跃时

长平跳跃

在岸上进行潜水式跳远时

步骤

1 用零食诱导狗狗练习通过跳圈跳上和跳下平台。

2 先从间距较近的两个平台开始。拿住跳圈放在狗狗跟前，诱导它钻过去。逐步加大平台之间的距离以及跳圈的高度。

拔河

力量

技巧：抗阻训练

好处：加强颈部以及核心力量

力量

用绳子或者玩具玩拔河游戏可以加强狗狗颈部、背部以及前后肢肌肉的力量。注意，我们的目的是力量训练，不要把它变成一个有攻击性的游戏。

注意放低、放慢。鼓励狗狗用力，以达到足够让肌肉舒适伸展的阻力。把玩具拿得越高（相对狗狗的身体），它后肢所承受的负荷就越多。相反，玩具拿得越低，它前肢所承受的负荷就越多。

通过拔河游戏进行力量训练

- 颈部
- 肩部
- 股二头肌（腘绳肌）
- 股四头肌（大腿前部）

步骤

1 用带有流苏或者会发出尖叫声的皮革或毛绒玩具来激发狗狗追逐猎物的天性。让玩具从狗狗身上掠过然后远离，就像一个真正的猎物那样。当狗狗抓住它时，人轻轻地拉扯玩具。

2 有些狗狗天生就爱玩拔河游戏。如果你家狗狗不喜欢玩，可以把一块零食藏在一条打结的毛巾里，然后在打结的缝隙处再塞上几块零食。

3 鼓励狗狗来吃零食。要做出好玩和鼓励的样子。有时候狗狗更喜欢在室外玩拔河游戏。

4 一旦狗狗开始来拉扯，就让它从你的手里拉走毛巾（当狗狗胜利时，它更喜欢玩这个游戏）。

第3级

柔韧性

重点在狗狗的髋关节、肩部和后背，伸展运动对这些部位尤其有益。

如果背部缺乏柔韧性，那么背部肌肉就会变得紧张，严重时会导致关节活动范围受限。一旦狗狗的动作超过了这个缩小后的活动范围，肌肉、肌腱和韧带就有可能受伤。提高狗狗背部肌肉的柔韧性，可以增加它的关节活动范围，降低受伤的风险。

如果狗狗背部既强壮又柔韧，就可以让狗狗轻松自如地扭动、弯腰以及伸展。背部柔韧性训练应包括对背部肌肉、胸部肌肉、腹肌、髋关节屈肌的拉伸。

背部柔韧性训练的好处

- 增大关节活动范围
- 防止受伤
- 改善血液循环
- 改善体态

柔韧性
平衡性
健身5要素
力量
耐力
协调性

动态拉伸：脊椎

柔韧性

技巧：动态拉伸、屈曲

好处：改善脊椎、颈部以及肩部柔韧性

狗狗做将下巴向胸部弯曲的动作、锻炼颈部的柔韧性时，颈部会在整个活动范围内运动。在第二段拉伸运动中，我们将诱导狗狗从侧面把头部弯向肩膀。

如果狗狗已经学会了做沉肩练习（参见第66页），那么在本项练习中只要把沉肩练习略微变化一下就可以做到了。

目标部位：脊椎、颈部、肩部。

锻炼次数：7～10次。

伸展脊椎能改善血液循环

脊椎肌肉的紧张会影响血液循环。伸展运动有助于让血液流向肌肉和关节，促进血液循环

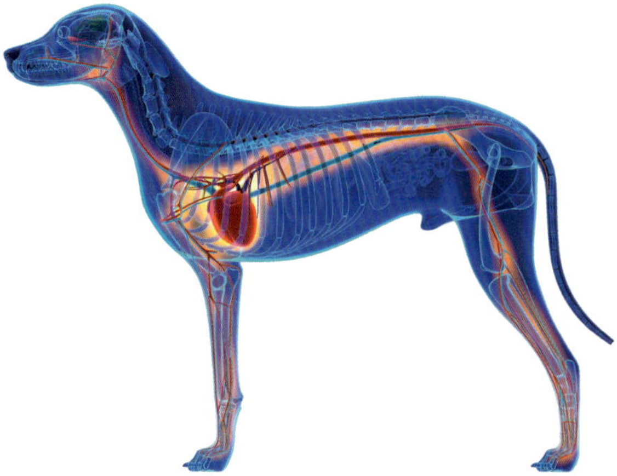

步骤

练习1：下巴靠近胸部

① 每一只手里都拿一些小块的零食。用一只手诱导狗狗把前脚放到平台上。

② 另一只手放到它的胸部下方，两手会合。

③ 移开第一只手，诱导狗狗的下巴尽可能地靠近胸部，保持5秒。

练习2：鼻子靠近肩膀

④ 重新从第一步开始，诱导狗狗把前脚放到平台上，然后诱导它把鼻子尽可能地靠向肩膀，保持5秒。再做另一侧肩膀。

动态拉伸：鞠躬

技巧：动态拉伸

好处：改善髋关节屈肌和腹股沟、肩部、背下部（腰椎）肌肉的柔韧性

“鞠躬”是狗狗的一种自然伸展动作，当它们从小睡中起身时通常会做这个动作。这项伸展运动特别能锻炼髋关节屈肌以及下背部肌肉。髋关节屈肌的作用是保证狗狗在行走、小跑、奔跑或者跳跃时可以移动其腿部和臀部。

目标部位： 髋关节屈肌，肩部、背下部肌肉。

锻炼次数： 7～10次。

“鞠躬”拉伸的3项益处

- 增强髋关节和脊椎的活动性和柔韧性
- 加强背下部、臀部以及腿部肌肉的锻炼
- 缓解与关节炎相关的不适和疼痛

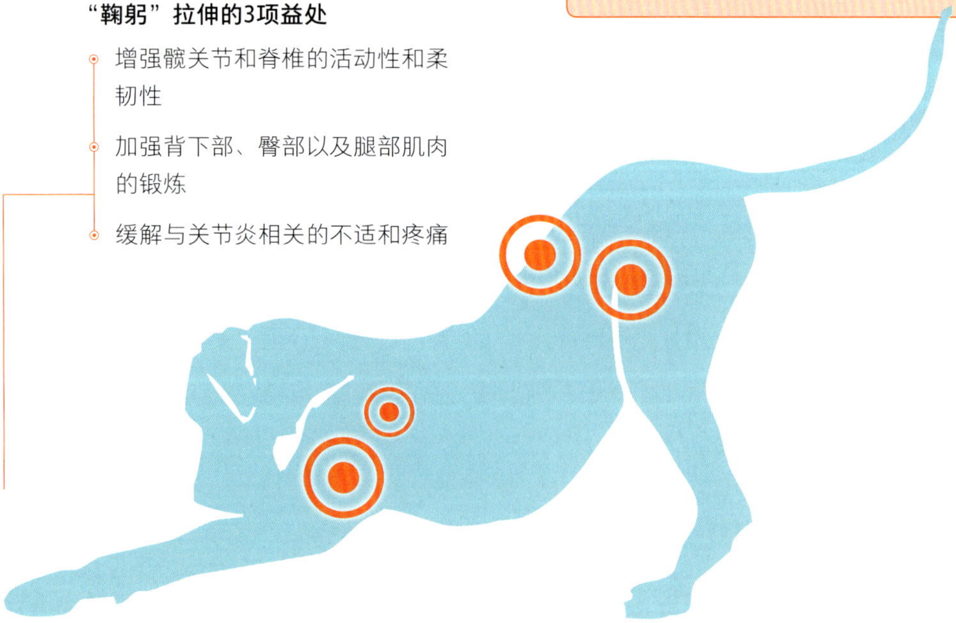

步骤

① 用零食诱导狗狗把前脚放进魔法围栏。经过触摸板练习（参见第82页），它应该已经熟悉这个要求了。

② 当狗狗的前脚处于魔法围栏内时，从横杆下面把零食展示给它看。

③ 狗狗会屈前肢去够零食。而魔法围栏后部的横杆则会让它的臀部保持向上。

④ 对小型犬也采用相同训练步骤。

受过伤的狗狗，无论是因为运动、手术还是年龄关系受的伤，都可以在兽医指导下，把平衡训练作为康复训练的一部分，从中受益。

狗狗理疗师通过平衡训练让受伤的肌肉得到加强和运动，从而辅助康复。

疼痛可能会妨碍狗狗对身体运动的本能意识，减少身体运动。狗狗在感到疼痛时会本能地不太想自由活动受伤的关节。结果，关节活动减少，协调性降低，最终导致平衡性变差。而平衡训练则会用到受伤的肌肉，让它们在关节活动范围内运动，从而使患处康复。

平衡运动对年长的狗狗尤其有益，因为随着年龄的增长，狗狗的本体感受会变差，受伤的风险亦会更大。

平衡性

平衡运动将训练狗狗的身体来控制功能不足的位置或者受伤关节。

柔韧性
平衡性
健身5要素
力量
耐力
协调性
Do More
With Your
Dog!

花生球二上二下

技巧： 不稳定训练

好处： 改善平衡能力，加强肩部、背部以及髋关节屈肌（髂腰肌）力量

在第2级的练习中，狗狗已经学会了站在花生球上。这是利用不稳定训练来拉紧和加强狗狗身上几乎所有肌肉。在进行不稳定抗阻训练时，我们不需要知道狗狗的哪些肌肉比较虚弱，因为那些虚弱的肌肉将会自动得到最多的力量训练。

在本项练习中，我们将把触摸板目标训练内容（参见第82页）和花生球相结合，引导狗狗进入一个二上二下的体式中。

本项练习将会把身体的很多重量分配到狗狗的腕部，因此，如果狗狗的这部分关节超伸（韧带过长）的话，就不应做本项练习。

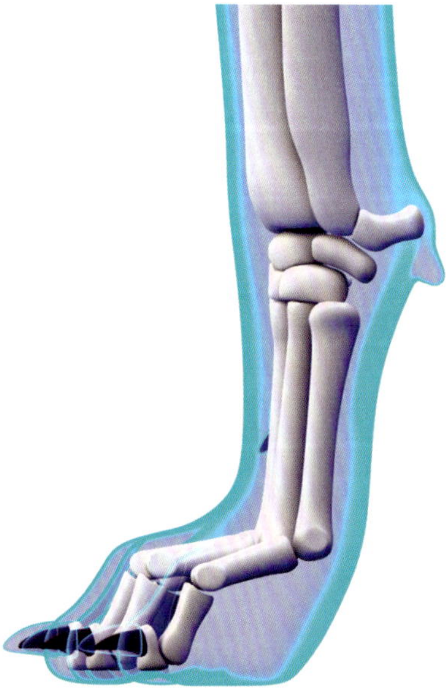

平衡性

- 通过负重练习增加骨密度
- 加强稳定肌力量
- 伸展腕关节，提高柔韧性
- 伸展脚趾，提高柔韧性
- 通过触摸板练习改善脚眼协调性

步骤

① 用一个魔法围栏稳定花生球。在花生球的一侧放置一个稳固的平台，另一侧放置一块触摸板。

② 诱导狗狗踩到花生球上。用你的膝盖稳定花生球。

③ 一只手拿着零食放在触摸板上方，继续诱导狗狗跨到花生球的另一侧。保持几秒钟，让它向前走下花生球。

榴莲球脚垫

平衡性

技巧：动态平衡

好处：促使狗狗保持方形站姿，加强稳定肌力量

榴莲球脚垫用来引导狗狗保持正确的站姿，即方形站姿，从而改善它的平衡能力。本项练习针对那些增强腕部和足部稳定性的肌群。

狗狗在榴莲球脚垫上保持平衡时所涉及的肌肉为四肢中主要用来稳定关节的肌群。本项练习可以增强支撑腕部的各种前肢肌肉和支撑跗关节（脚踝）的后肢下部肌肉和跟腱。

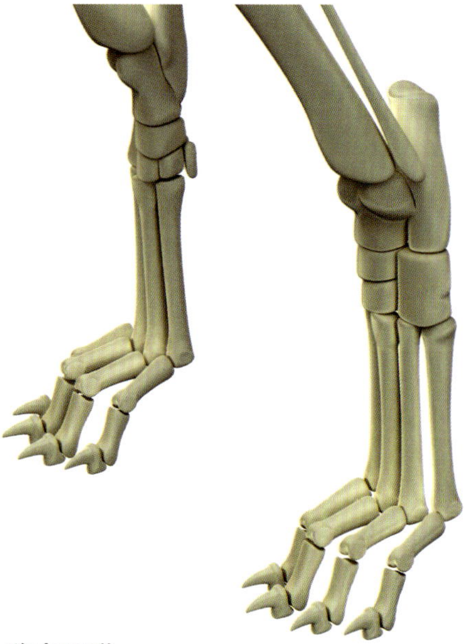

稳定肌群

- 用来稳定四肢关节
- 支撑腕部以及后肢下部
- 支撑跟腱和脚踝
- 辅助平衡

步骤

① 把脚垫按照狗狗的自然站姿摆放。从前脚开始。抬起狗狗的胸部，使其前脚放低直至踩在脚垫上。

② 帮狗狗把后脚放在指定位置上。抬起后肢的跗关节（因为狗狗对于脚部比较敏感），把后脚放在脚垫上。刚开始的时候，狗狗可能老想移动某只脚，这是正常的。

③ 一旦狗狗的4只脚都到位了，看看它能自己保持几秒钟平衡。这要求它绷紧腕部和踝部。

在兽医指导下进行理疗，可对有功能障碍、受伤、疼痛或其他身体异常的狗狗起到加强肌肉力量和拉伸的作用。这些理疗技巧可以让狗狗的生活质量有显著的改善。

兽医康复锻炼的总体目标是恢复、维持和促进身体功能和健康，包括以下内容。

- 加速受伤后或者术后的康复
- 增强力量、耐力和柔韧性
- 改善运动表现和质量
- 通过健身降低再次受伤的可能性

通过理疗可以改善的有以下内容。

- 运动保健
- 减重
- 肌肉扭伤或拉伤
- 健康和预防受伤

健身5要素
柔韧性
平衡性
耐力
协调性
力量

水疗

耐力

技巧：低冲击力运动

好处：改善肌肉耐力，改善关节活动范围，增肌，改善心血管功能

水疗可以是让狗狗在水下跑步机上行走或者是在人工辅助下游泳。这种低冲击力的运动有利于肌肉、骨骼和心血管健康。水疗可加强狗狗的肌肉，同时水的浮力可以让关节和骨骼所受到的压力降至最低。温暖的水环境有助于增加身体整体柔韧性和关节活动范围。游泳是一种令人难以置信的心血管锻炼方法，同时也是加强宠物肌肉力量和燃烧掉一部分热量的绝妙方法。不过，自家狗狗是否适合进行水疗还需要先咨询兽医，因为水疗对于患有心脏和肺部疾病的狗狗来讲可能有危险。

步骤

1 给狗狗穿上救生衣、佩戴牵引绳可以让它在泳池中增加自信心，有助于让它在游泳时舒展全身关节。

2 像游泳这种低冲击力、无承重的运动常常用于狗狗受伤后的康复训练。

协调性

协调性是指狗狗身体不同部位能够在同一时间相互配合动作的能力。在第1级和第2级训练中，我们进行了节奏运动的练习，在这类运动中，狗狗平稳协调地、一遍又一遍地重复特定的动作（例如迷你障碍和彩虹梯练习）。

在第3级训练中，我们将介绍更复杂的协调性训练项目。在这些项目中，狗狗需要小跑通过弧形的迷你障碍（迫使它只在一侧顿步）；或者进行滚桶，用后肢向前走、用前肢向后移动（就好像需要人同时揉肚子和拍头一样）。在经过训练并且产生肌肉记忆之前，即使这两个动作中的每一个单独做起来都非常简单，也需要努力有意识地做才能同时做出这两个相互冲突的动作。

学习协调运动有助于增强神经功能，使狗狗运动起来更聪明、更敏捷。

柔韧性
平衡性
健身5要素
力量
耐力
协调性

迷你障碍：不规则

协调性

技巧：复杂协调、非对称性运动

好处：改善肢体单侧协调功能

在第2级中，狗狗已进行了迷你障碍训练，并且练习了用4只脚有节奏地小步跑。在本项练习中，我们将把迷你障碍设置成特殊的模式，这样可以造成步态不对称。

在弧形的迷你障碍中，狗狗可能每过3个障碍就需要用内侧脚做出一个顿步。这种不均等的模式会迫使狗狗有意识地思考落脚位置。

步骤

① 高低迷你障碍行走：带狗狗走过一系列魔法围栏。狗狗可能需要走几遍才能找到规律。

② 高低迷你障碍跳跃：将迷你障碍等距离分开放置。各个障碍之间要有足够的空间让狗狗的脚着地。

③ 钻石形状排列：魔法围栏的这种复杂排列方式会令狗狗感到困惑。带着它慢慢通过，让它自己思考每一次把脚落在什么位置。

④ 弧形排列：在魔法围栏排列成弧形的情况下，狗狗的一侧必须比另一侧走更多步。让狗狗两个方向都训练到。

滚筒：两只脚

协调性

技巧：复杂协调

好处：改善髋关节屈肌（髂腰肌）、核心以及前后肢肌肉的柔韧性

滚筒练习看上去很复杂。在滚筒（花生球）向前进时，狗狗的后肢会向前行走，而前肢则会向后行走。这有点像要求人用一只手揉肚子，同时用另一只手拍头！除了复杂的协调性要求，在做这项练习时，还会同时加强其核心、髋关节屈肌、肩部以及前臂的力量。

向前滚筒

1 人站在筒或者花生球的另一侧，用膝盖稳定住器械。诱导狗狗把前脚抬起，放到器械上。

2 后退一步，把花生球拉向你。如果狗狗的肘部落到了花生球上，说明你把零食拿得太远了。要把零食放在它鼻子前面朝上的位置。

3 做这项练习的另一种方法是：站在狗狗旁边，用手推动花生球向前。

向后滚筒

4 尝试往反方向进行练习：人向前走，把花生球推向狗狗。这个方向比较别扭。确保把零食拿在比较高的位置，并且压向狗狗。

退出通道

技巧：造型

好处：后肢协调

狗狗在日常生活中会有多少机会倒退行走？也许一周一次？退着走是需要通过练习才能获得的技能。对于后肢而言，尤其具有挑战性。因为在退着走时，后肢必须在抬起后要能碰到并且感觉到脚后面的地面。

教狗狗退着走有多种方法，其中通道法快速、简单、无对抗性，并且对训犬师的要求也最低。我们只需要设置一个狭窄的通道（利用门或者墙壁旁边的沙发），将零食扔进去，然后等待狗狗走进去并且退着走出来。造型是利用器械激发某种行为的训练技巧。

尽管从训练的角度来看不是必需的，但是在这一项训练中我们还是在通道的末端使用了触摸板。

协调性

步骤

1 搭建一个足够狭窄的通道，让狗狗无法在里面转身。让它看到你往通道的尽头扔了一块零食。

2 下达“去拿”的口令，然后让它进入通道。

3 狗狗会倒退着出来。它想要看到你的脸，因此，如果你站在通道的尽头，它非常有可能会倒退着走出来，而不会转身。

4 把一块触摸板放在通道的起始处。当狗狗倒退出来时，会不经意踩到触摸板上。当它踩到的一瞬间，你说“好!”，然后给它零食。通过这样的方法，可以教会它一项有用的技巧：倒退着走到触摸板上。

侧步练习

协调性

技巧：诱导，身体压力

好处：改善后端觉知，加强大腿内侧肌肉力量

在侧步练习中，狗狗的前脚会被限制在某个小的物体上，同时围绕这个物体转动身体后端。这种运动有时被称为“大象转圈”，因为它模仿了马戏团里的大象经常在台座上所表演的动作。

让狗狗做出转圈的动作有两种方法。一种是施加轻微的身体压力，方法是人把腿挤进它的空间里；另一种是使用零食来诱导狗狗站到人的对面。通常来说，两种方法组合起来应用效果最佳。

从两个方向来做这项练习。狗狗会有一侧比较弱，应针对弱的一侧训练多一些。

步骤

1 诱导狗狗把前脚放在一个稳定的小物体上（用一个高一点的物体会比较方便）。用零食让狗狗的头部和前脚保持在小凳子上方。用你的腿去挤占它的空间，迫使它用后脚围绕凳子转圈。

2 试着在狗狗的爪子落到地面上时让它走侧步。让它把前脚放在一个魔法围栏内或者一个桶里。再次用零食诱导，使它的前端保持不动，同时用你的腿轻轻地撞它的后端。

3 把侧步和平衡板结合起来练习，以增加难度。记得要往两个方向进行训练。

彩虹梯：只用后肢

协调性

技巧：横向运动

好处：改善本体感受、后端觉知

在第2级中，狗狗已经做过横向运动的练习，即让前肢侧步跨过梯子的横杆。

现在，我们将加大挑战难度，让狗狗练习用后肢侧步跨过横杆。

训练次数：每侧3～4次。

步骤

1 将彩虹梯横杆的高度设置为最低。让狗狗把后脚放进彩虹梯横杆里最简单的方法就是：带着它穿过彩虹梯横杆，当只有后脚留在梯子里时让它停下。

2 用零食让狗狗的头部跟随，并用你的腿部向狗狗的后端施压，使它侧步移动。

3 增加彩虹梯横杆的高度。这对狗狗来说难度会大大增加，因此要让它慢慢移动。用另一只手轻推狗狗的后端会对它有所帮助。

4 分别从左右两侧进行练习。若狗狗在某个方向做起来比较困难，应在那一侧多加练习。

力量

我们都知道锻炼对身体有好处，但是如何激励狗狗真正地来进行锻炼呢？

对于人类来说，我们可以通过诸如播放喜欢的音乐或者在镜子上粘贴训练目标之类的方法来坚持锻炼。大多数能够激励人类的方法无法用来激励狗狗，下列的一些方法却可以。

- 用快乐的语调来激励狗狗。能量是有感染力的
- 和狗狗建立一个伙伴系统。用同一套训练课程来完成你们两个的训练目标
- 狗狗喜欢竞争。如果狗狗训练不积极，可以让它在一边看你和其他狗狗玩得开心的样子
- 把训练时间安排在狗狗自然充满活力的时候，通常是清晨和傍晚
- 狗狗喜欢有规律的生活。把训练时间安排在每天的相同时间段，且训练内容要有一贯性
- 这是狗狗和它最喜欢的人——你的一对一时间！全身心地和它一起度过这个时刻
- 零食

柔韧性
平衡性
健身5要素
力量
耐力
协调性

颈部：推健身球

力量

技巧：抗阻训练

好处：加强颈部伸展肌力量

在第2级中，狗狗已经做过推毯子卷（参见第92页）的练习来加强颈部力量。本项练习和推毯子卷类似，但是关节活动范围更大，需要用的力量也更大。

本项运动专门针对狗狗用于保持头部抬起的肌肉：颈夹肌（在颈部后侧）和臂头肌（在颈部两侧）。

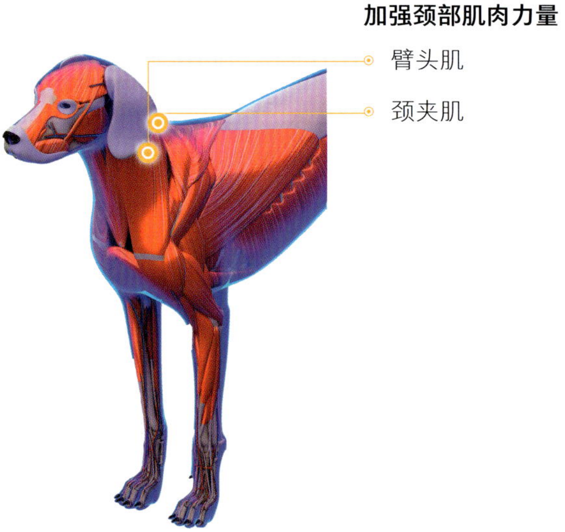

步骤

1 搭建一个大小适合健身球的通道。可以将沙发或者一排野餐条凳靠近墙壁摆放，形成通道。

2 在通道里将狗粮或者零食摆成一条线，把健身球放在这条线的另一端。

3 当狗狗吃到第一块零食后，它会把球向前推，于是下一块零食就露出来了。如果狗狗很强壮，可以在健身球里面灌一点水或者沙子，让球变得重一点。

直立坐

力量

技巧：造型

好处：加强腹部肌肉以及背侧肌肉力量

活跃的狗狗可以通过加强核心力量的训练来防止背部受伤。而年老、患有关节炎的狗狗则可以利用核心肌肉减轻前后肢的压力。

努力保持良好的坐姿：头部向前，后背挺直。小型犬比较容易保持直立的坐姿，但不是所有狗狗都能够完成这个练习。不正确的姿势可能会导致严重的伤害，任何有神经或脊椎损伤的狗狗都不应做本项练习。

造型

用零食来引导狗狗进入某个体式的训练技巧称为诱导。而用手来引导或者帮助狗狗进入某个体式的技巧称为造型。在本项练习中，我们将同时运用这两种技巧。

步骤

1 让狗狗坐正。人把脚做成V字形放在狗狗身后。用一只手诱导它的头部向上，另一只手支撑它的胸部。

2 狗狗靠着人的时候，让它一直能小口咬到零食。很多狗狗（尤其是大型犬）没有足够的核心力量或者平衡能力，无法靠自己来保持这个体式。

3 经过多次短时间的训练之后，狗狗将会有足够的核心力量来支撑自己，但是仍然需要靠在人的腿上来保持平衡。

打滚

技巧：体操

好处：加强核心肌肉力量

体操是一种旨在增强力量和协调能力的体育锻炼。打滚的动作需要利用狗狗的核心产生爆发力。本项练习对于某些体型的狗狗来说要难一点。

第一次训练时可以选择在一个有点倾斜的地面上，例如在略微有点坡度的地面上进行，便于狗狗做出打滚的动作。它只需要向后翻身，重力会让它完成打滚的动作。

在第2级中，狗狗已经学习了趴着伸展颈部的动作（参见第63页）。打滚刚开始的动作和颈部伸展的动作相同，但是后面会继续其他的动作。

核心薄弱的信号

- 姿势不佳，例如有凹背。
- 平衡能力差，例如当你支撑着狗狗的一只脚，让它用三只脚站立时。
- 运动时身体后端过度摇摆。
- 转换体式时比较困难，例如从坐姿转成站姿时。
- 无法长时间保持坐姿或者站姿。

步骤

1 手里拿一些小零食。把手放在狗狗的鼻子跟前引起它的兴趣。

2 注意观察狗狗是否已经坐在某一侧的臀部上，让狗狗从这一侧开始翻滚。把零食移至狗狗肩部。

3 然后再把零食从狗狗的肩部移至它的脊背处。可以在这个过程中给它一点点零食。

4 继续移动零食至地面。如果它停滞不前，则可以轻轻地将它的前肢引导过去（有些狗狗可能会抗拒）。

5 最后再给它一块零食。狗狗身体会有一侧比较弱，应针对那一侧多加练习。

辅助下直立行走

力量

技巧：利用自身体重训练

好处：加强核心以及前后端肌肉力量，改善髋关节屈肌（髂腰肌）的柔韧性

在第2级训练中，狗狗已经学会了将爪子放在人的手臂上（参见第94页）。现在，我们将在这项技能的基础之上，让狗狗在直立行走时把人的手臂当作支撑。

本项练习需要狗狗的核心以及前后肢用相当大的力量，是一项全身运动。同时也需要你出很大的力。

核心强壮的好处

- 改善姿势。
- 保持平衡。
- 支撑背部肌肉，从而支撑全身。
- 降低与骨关节炎及其他软组织问题相关的伤害的发生概率。

步骤

① 人先单膝跪地，确保手臂足够稳定，让狗狗有信心把前脚放在上面。

② 用零食诱导狗狗把前脚放在人的手臂上。或者，用手臂抬起它的前脚。

③ 起身，用零食保持狗狗的兴趣。

④ 人往后退，从而让狗狗往前进。每隔几秒钟给它一个零食，以保持它的积极性。

第4级

在前面的练习中，我们做了静态拉伸和动态拉伸。近年来，人类运动员的教练已开始倾向于把功能性拉伸作为提高运动员柔韧性的主要技巧。

功能柔韧性应基于狗狗所进行的运动项目，提供与关节活动范围相匹配的稳定性和力量。

举一个人类的例子。如果一个运动员正在寻求改善打高尔夫的功能柔韧性，那么他的功能柔韧性练习就应该类似于高尔夫挥杆。这项练习应该在他的脚、膝关节、臀部和肩部产生和打高尔夫时类似的反应，并且以可控的速度让运动员在整个关节活动范围内进行运动。

柔韧性

健身5要素
柔韧性
平衡性
耐力
协调性
力量

二上二下极致鞠躬

柔韧性

技巧：动态拉伸

好处：改善肩部、髋关节屈肌（髂腰肌）以及背部肌肉的柔韧性

动态拉伸热身作为体育界的常规程序，是运动员在比赛前做好准备的有效方法。

动态拉伸是指在行进或者运动中进行拉伸，即狗狗在做伸展的同时也在移动身体（就好像人类伸展运动中的弓步行走）。在整个关节活动范围内进行缓慢、受控的运动，可以减小受伤的风险。

动态拉伸可以改善关节活动范围以及身体的觉知能力，可以训练狗狗的平衡和协调能力，有助于提高狗狗的运动表现。

由于动态拉伸涉及多个部位的肌肉，在做这项练习前要让狗狗先热身。

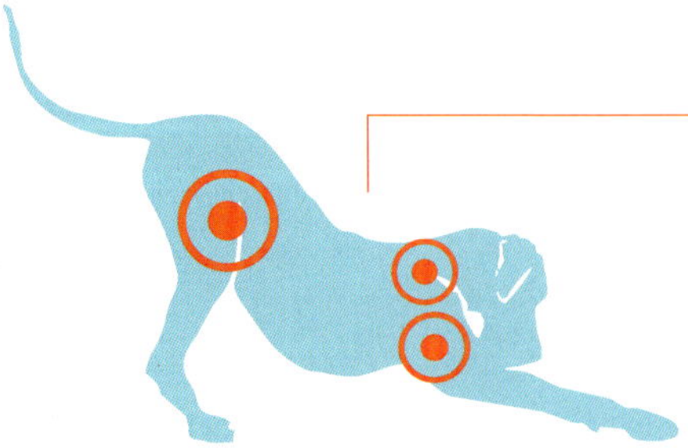

髋部及肩部柔韧性

- 拉伸髋关节屈肌
- 拉伸肩部
- 拉伸颈部
- 加强核心力量
- 加强背部力量

步骤

① 先让狗狗在一个低矮的平台上练习。平台前面的地面上放置一块触摸板作为目标物。

② 诱导狗狗触碰目标物。把零食放在靠近触摸板的地方，狗狗应该会做出鞠躬的动作。如果它趴下了，就把你的手放在它的肚子下面。

③ 现在换成高一些的平台。把零食放在狗狗的鼻子跟前。

④ 触摸板放置的位置会影响到狗狗肩部以及臀部的伸展角度。

⑤ 可以用一个不稳定的物体，例如健身骨头作为目标物，作为本项练习的拓展。

斜板上游泳运动员式掉头

柔韧性

技巧：功能柔韧性

好处：提高敏捷性，加强前后肢力量

在飞球运动中，狗狗需要跑向一块倾斜的板，叼住球，然后调转方向往回跑。如果狗狗的前肢重重地卡进板子里就不好了，因此，我们将教狗狗做一个游泳运动员式的掉头。在做游泳运动员式的掉头时，狗狗会在斜板上绕一个流畅的圈，这样方向的变化就很小。

在这项功能柔韧性练习中，我们会让狗狗以较慢的、可控性更强的速度，在整个关节活动范围内运动。

步骤

1 先从非常小的坡度开始训练。让狗狗跟随零食转一个圈。表面摩擦力较大的板子更有利于训练。可以尝试在板子上铺一块橡胶垫、毯子，或者喷上一层摩擦涂层。

2 把板子的倾角调高。这时狗狗需要助跑才能完成转弯，用你的声音来激励它。

3 把零食保持在狗狗鼻子的高度，诱导它转一个大圈。

4 尝试让狗狗的4个爪子同时在斜板上，做出一个流畅的转圈动作。

平衡性

平衡训练已经被证实对人类具有认知方面的益处，包括改善记忆力，特别是对老年人而言。

平衡训练让神经系统参与新的挑战项目，可以增强狗狗的大脑功能。每一项平衡练习都是需要狗狗的大脑和身体配合来搞清楚的谜题。狗狗必须学习在什么时间、用多少力来激活哪些肌肉。

刚开始，狗狗会很难在跷跷板上保持平衡。若经常练习，最终将变得容易。 狗狗会发展出新的神经连接和肌肉记忆，能够轻松操纵该器械。在本项练习中，狗狗的大脑和肢体的参与程度相同。

让狗狗挑战各种新的平衡练习将让它最大程度地获得认知方面的益处。

有些狗狗在平衡方面有天赋，而有些狗狗则没有。可喜的是，通过练习可以极大地提高狗狗的平衡能力！

柔韧性
平衡性
健身5要素
力量
耐力
协调性

花生球：月球漫步

平衡性

技巧：不稳定训练

好处：改善平衡，加强身体整体力量

平衡练习可以针对维持正常姿势的肌肉和反射进行训练。这些肌肉可以帮助狗狗抵抗重力。平衡练习针对全身，可以让从肩膀和前肢，沿着脊椎和核心一直往下到臀部和后肢的许多肌群收缩。

在平衡练习中，我们以持续时间作为衡量标准，而不是重复次数；或者说看狗狗能坚持多长时间。从每次持续几分钟开始练，要注意观察狗狗的耐受程度。

全身性锻炼

- 核心及四肢力量
- 低冲击力练习
- 关节健康
- 协调性
- 提高专注力

自信心

步骤

① 在起始端和末端分别放置一个小平台，保持动作缓慢、可控。

② 允许狗狗自己来控制动作，但是人要把手放在它身上，保护它的安全。

③ 狗狗在花生球上如何行走并不重要。只要它能设法保持平衡，肌肉力量就会得到加强。

④ 狗狗离开花生球的时候要小心控制好，因为这是最容易发生动作散乱和受伤的时候。

跷跷板

平衡性

技巧：动态平衡

好处：改善动态平衡，加强前肢力量

跷跷板练习是狗狗在第2级中已经学过的平衡木练习（参见第74页）的扩展。这项练习与其他练习都不同，它有一个临界点，这个临界点可能会让初学的狗狗吓一跳。

对于初次接触跷跷板的狗狗来说，被跷跷板吓一跳，然后立即对它产生恐惧的并不少见。虽然这种恐惧感最终是可以被克服的，但是有可能要花上几个月的时间。我们应该做的是，慢慢地让狗狗熟悉这种运动器械，一直控制跷跷板的移动，使跷跷板保持稳定。

自信心

步骤

1 把跷跷板设置成和地面相同的高度，诱导狗狗站到板上。把跷跷板放在一支铅笔或者多块小垫板上，让板略微有一点点晃动。

2 把跷跷板放在一个平衡盘上再练一练。

3 准备好挑战更大的高度了吗？换更高的架子，沿着跷跷板放一长溜零食，让狗狗跟着零食走。

4 控制好跷跷板的重心，防止它一下子撞到地上。

5 在跷跷板末端的地面上放一点零食。这样有助于让狗狗养成到了末端慢下来的习惯，而不是一下子跳下来。

砖上平衡

技巧：小步平衡

好处：改善平衡能力，加强稳定肌力量，改善本体感受能力

这项高级技能需要精神高度集中，脚趾、腕部以及踝部力量要强。

狗狗在四脚分开的大步姿势下保持平衡会比较容易。而当我们把狗狗的脚都限制在一个小盒子里时，它就必须非常精确地将重心分配在身体的中心位置。

步骤

① 把水泥砖块排成一排，诱导狗狗在上面行走。

② 人用膝盖从一侧挡住狗狗，如果需要，可以让另一侧靠墙以挡住它。

③ 撤掉一块砖。

④ 再撤掉一块砖。拍拍狗狗的后肢示意它站到砖块上。

⑤ 当狗狗处于正确体式时让它能一直小口咬到零食。

⑥ 狗狗可能需要人的帮助才能4个爪子同时站在一小块砖上。若某个爪子掉下来可以轻拍一下。

人类耐力运动所需要的能量主要来自糖原所储存的葡萄糖（碳水化合物）。这就是为什么马拉松运动员在比赛期间会补充碳水化合物并摄取凝胶饮料包（碳水化合物）的原因。而狗狗则相反，它们利用脂肪作为耐力运动所需要的能量来源。高碳水化合物的饮食对于工作犬来说不是理想的食物，因为这会降低它们的耐力。

为了获得更好的表现，狗狗的饮食中应含有高度易消化的脂肪和蛋白质，为运动做好肌肉和新陈代谢的准备，并提供运动中可以马上利用的能量。

运动量大的狗狗应吃高脂肪、高蛋白饮食，有利于最大程度地进行训练。高脂肪、高蛋白的饮食有助于促进狗狗的新陈代谢以及增强耐力。

耐力

在剧烈运动前不建议给狗狗喂食。在大多数情况下，至少应在运动后60分钟，或者运动前10～12小时喂食。最理想的情况是，如果狗狗在第二天早上运动，那么应在前一天晚上喂食，因为食物完全消化需要20～24小时。

柔韧性
平衡性
健身5要素
力量
耐力
协调性

拉滑板车

技巧：有氧运动

好处：增强体能和肌肉耐力

这项运动和第2级中的“负重拖拉”练习类似。

可以用多种方法来进行“狗拉雪橇”运动：用雪橇或者滑雪板在雪地上进行，或者用带轮子的陆地推车或滑板车在普通地面上进行。可以用一只狗，也可以同时用多只狗来拉车。刚开始可能需要先练习拉比一个人的体重更轻的负荷，有些狗狗可能永远也无法轻易拉动一个人。

滑板车

牵引背带

多头牵引绳

头盔

1 犬用滑板车是一种装备越野用宽轮胎的重型滑板车。牵引背带比较长，在靠近狗狗尾部位置有一个O形环。多头牵引绳有一个橡胶结构可吸收冲击力。做这项运动难免会摔跤，所以，人要戴好头盔。

2 使用特殊设计的狗拉雪橇用牵引背带，这种牵引带有衬垫，在靠近狗狗尾部位置有一个附着环。

3 有几种方法可以诱导狗狗来拉车。刚开始的时候可以在前方放上狗狗的食盆，让它朝着食盆的方向拉车。狗狗在拉车时喜欢有竞争，让另一个人或者另一只狗狗假扮“兔子”让它追逐，是一个非常有效的方法。

协调性

在前面几个级别的训练中，协调性训练都是非常直截了当的：穿过迷你障碍、跳跃、转圈以及目标物训练。而在第4级中，我们将要让狗狗挑战不仅仅是凭直觉来做动作，而是要带着思考来训练，考虑应该把每一只脚落在哪个位置。

这些技能不是我们只通过诱导或者引导就能让狗狗做成功的，而是需要训犬师运用技巧将任务传达给狗狗，并且要求狗狗精于训练，能够积极地参与学习。

协调性练习对于狗狗来说通常是很有趣的（对于人类来说也同样有趣）。刚开始，狗狗的身体会不稳定而且笨拙，但是通过练习，它将学会分离每只脚，并且轻松、快速地将每只脚放在所属位置。双轨平衡木就是这样一种有趣的练习，你可能会发现狗狗只是为了好玩而自己在上面跳来跳去。

柔韧性
平衡性
健身5要素
力量
耐力
协调性

高抬后肢

协调性

技巧：单侧协调

好处：增强髋关节屈肌（髂腰肌）力量

狗狗的四肢通常是前后、上下移动，很少向侧面移动。在高抬腿练习中，我们将让狗狗进行一项挑战，即只动一条后肢，将它向侧面抬高。

对于狗狗来说，抽象地思考如何抬起一条后肢要比考虑将后肢放在某个物体上困难得多。我们可以让狗狗用后肢触碰逐渐堆高的触摸板，并进行奖励，以此来教它学会高抬后肢。

步骤

1 先让狗狗站在触摸板前方约5厘米处。手拿零食，放在它鼻子的高度，把零食压向它，让它后退。

2 在它的一只脚碰到触摸板的瞬间，说“好！”，同时奖励零食。精准掌握时机非常关键。

3 大约成功10次后，加上第二块触摸板。

4 继续加高触摸板。让零食保持在鼻子的高度，因为抬高脖子会让保持平衡和柔韧性变得更加困难。

5 在不断地用“好”以及零食对这个动作进行标记之后，狗狗最终会理解你的意图，在鼻子跟前没有零食的情况下，也能做出这个动作。

滚筒：4只脚

协调性

技巧：小步动态平衡

好处：加强核心以及腿部肌肉力量，改善专注力

这项高级技能结合了之前学过的两项技能：双脚滚筒（参见第120页）以及在砖块上保持平衡（参见第150页）。

狗狗需要站在滚筒上向前行走，每次移动一只脚。当狗狗的4只脚被限制在一个狭小的空间里时，身体会很难保持平衡。再加上滚筒不停转动，这项小步平衡练习就变成了动态平衡练习，难度就更大了。

步骤

1 使用牵引带会有助于这项练习。人用膝盖或者脚稳定滚筒。

2 用零食诱导狗狗站到滚筒上。人用另一只手抓住牵引带让它保持稳定。

3 一旦狗狗站到了滚筒上，帮助它找到平衡点。当它准备下去的时候，让它往前行走，然后下滚筒。

4 站在狗狗前面。人一边往前走一边控制住狗狗，迫使它的脚往前行走。

5 等狗狗有所进步后，放掉牵引带，用零食诱导，让它保持站在滚筒上，同时，用另一只手托住它的胸部。

侧步练习：球或飞盘

协调性

技巧：身体压力

好处：改善后端觉知，加强稳定腕关节的前肢肌肉力量

在第3级中，狗狗已经做过了把前脚放在凳子上，或者限制在魔法围栏内做转圈的动作（参见第124页），由此学习了侧步练习。

在本项练习中，我们将增加难度，让狗狗把前脚放在球上或者限制在一个飞盘中，然后转圈。

和前面的练习一样，我们可以通过以下方法使狗狗转圈：用零食让狗狗的头部保持在正确位置，并用身体轻柔的压力去挤占它的空间，迫使它侧步移动。

从两个方向做这项练习。狗狗会有一侧比较薄弱，应针对那一侧多加训练。

步骤

1 将一个健身球固定在魔法围栏内。手拿一块零食放在健身球上方的位置，让狗狗的头部保持在身体正中线上。侧步挤推狗狗，让它的后脚围绕健身球移动。

2 对于体型较小的狗狗，可以将一个球放在狗食盆里固定。如果狗狗的平衡能力非常好，也可以学习在未加固定的球上侧步移动。

3 有些狗狗喜欢用飞盘来做侧步移动。将飞盘倒置在地毯上。狗狗的前脚保持不动，当狗狗侧步移动时，飞盘会在地毯上转动。

平衡木：双轨

协调性

技巧：精准落脚

好处：改善本体感受及单侧协调能力

双轨平衡木是狗狗特别喜欢的一项练习。狗狗需要把右脚放在一根轨道上，左脚放在另一根轨道上行走。

用厚2厘米、宽4厘米的木条做成一个双轨平衡木。如果发现狗狗不停地跳下平衡木，可把平衡木加高一些。

步骤

1 刚开始的时候，先将两根木条并在一起或者靠近一点，让它们看起来像一块结实的木板。

2 控制着狗狗走完全程，以免它中途跳下平衡木。

3 将两根木条分开。前面一只手拿着零食，放在靠近轨道的位置。后面一只手保护狗狗的身体，以防它万一失去平衡而受伤。

4 走到最后奖励零食。这样可以训练狗狗在走到最后的时候停下。

彩虹梯：后退

协调性

技巧：横向运动

好处：改善本体感受、后端觉知

在第2级中，狗狗已经做过用前肢侧步通过梯子横杆的练习，由此学习了横向运动。

现在，我们要加大挑战难度，让狗狗练习用后肢侧步通过梯子横杆（直接后退会踢到横杆，所以在彩虹梯中后退要用侧步技巧——译者注）。

步骤

1 想让狗狗把4只脚全部都放到彩虹梯里，最简单的方法就是带着它往前行进。

2 一旦狗狗的4只脚都落在了梯子里，用零食让它的头部保持在适当位置。

3 把零食放在狗狗鼻子的高度，慢慢压向它，让它的头部往后移动，带动身体后退。

4 增加彩虹梯横杆的高度将增加挑战难度，让狗狗在后退时把脚抬高。

家养的狗狗每天跟着主人例行外出活动：奔跑、嬉戏和追逐，有些狗狗的活动量要大一些。这种日常运动对于狗狗的肌肉和心血管系统来说是很好的锻炼，但是，研究发现，对身体最大的改善来自于那些能让肌肉产生“混乱”的锻炼。

让肌肉“混乱”的概念是指，不断变化的锻炼会更全面。在这类锻炼中，肌肉会受到多种方式的冲击从而获得更多益处。不断改变狗狗的锻炼方式，将让它的肌肉得到更多的锻炼。身体是一台有适应性的机器，压力处理得越多，就会变得越好。因此，通过不同方式给身体加压，会让身体有更多机会积极适应。

在第4级中，狗狗将会尝试一些新的、有趣的挑战，包括一些“手倒立”的变化练习。

力量

柔韧性
平衡性
健身5要素
力量
耐力
协调性

二上二下回拉上平台

力量

技巧：倒立练习

好处：加强核心肌肉以及髋关节屈肌（髂腰肌）力量

力量

在做本项练习时，我们将先从之前已经学过的“极致鞠躬”技巧（参见第140页）开始，然后在此基础之上再增加内容。一旦狗狗进入了鞠躬的体式，我们会让它用极大的核心力量把自己的前肢拉回到平台上。

步骤

1 和极致鞠躬练习一样，先让狗狗站在平台上，并且把一块触摸板放在它前方地面上。

2 把零食放在触摸板附近，慢慢诱导狗狗往下。如果狗狗试图趴下，就把你的手放在它肚子下面。

3 把零食拿高，靠向平台诱使狗狗弯曲颈部并将身体收回到平台上。有时候狗狗会趴下。虽然不是最理想，但仍然会完成一部分力量训练。

4 当狗狗进入正确体式，回到平台上时，给它零食。

倒立

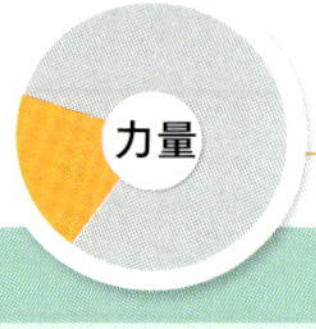

技巧：倒立练习

好处：加强核心、前后肢、髋关节屈肌（髂腰肌）力量

本项技术性练习既能加强狗狗的柔韧性，又能加强它的核心和四肢力量。

我们将会运用和“高抬后肢”（参见第158页）相同的技巧来教狗狗学习本项练习。手拿零食推狗狗，让它后退。倒立练习用木板的倾斜度会逐渐增加。

斜板表面要有摩擦力，可以是表面有纹理或者带有小木条。

狗狗的品种和身体状况决定了它只能以正确的姿势达到斜板的某个特定高度和角度。观察狗狗所能达到的最大限度，并以此为终极训练目标。

步骤

1 让狗狗站在木板前约5厘米的地方。手里拿一块零食放在它鼻子的高度，并且推它，让它后退到板上。

2 把木板的一端搁在一块砖上，使板倾斜。

3 增加一块砖，加大倾斜度。保持把零食放在靠近地面的低处。

4 增加第3块砖。让狗狗后退约0.5米。保持把零食放在低处，这样狗狗就不会被迫弯曲颈部。

5 当增加到第4块砖时，狗狗的前脚可能无法继续站在板上。保持把零食放在低处，让狗狗的脊椎伸展。

6 有些狗狗因为体型的关系，可以达到更大的角度。把零食放在能让狗狗保持平衡的位置。

用爪子擦嘴

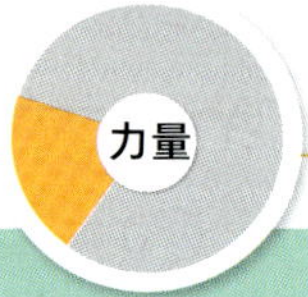

技巧：造型

好处：加强核心以及肩部肌肉力量，改善平衡

之前我们教了狗狗高抬后肢（参见第158页），即让它只将一条后腿向侧面高抬。而在本项练习中，我们将训练狗狗把一个前爪抬高到口鼻处。本项练习不仅能锻炼狗狗的肩部，同时也能锻炼它的核心肌肉。

步骤

① 准备一条胶带。先把胶带在人的衣裤上反复粘贴几次，使其黏性变差。

② 把胶带粘在狗狗的口鼻处，最好是粘在你希望它举起爪子的那一侧。

③ 狗狗会举起爪子来擦掉胶带。狗狗可能会趴下，让它站在一个平台上训练可以减少这种情况的出现。

④ 当狗爪碰到口鼻处的瞬间，说“好”，并且立即奖励零食。

索 引

专家简介

辛迪 · 奥托（CINDY OTTO），博士，美国兽医急救和重症护理学院毕业，美国兽医运动医学与康复学院毕业，宾夕法尼亚大学兽医学院工作犬中心主任，主要研究和实践领域是工作犬和运动犬的健身、运动调理以及康复训练。

梅根 · 拉莫斯（MEGHAN RAMOS），兽医学博士，宾夕法尼亚大学兽医学院工作犬中心的兽医和研究员。本书写作期间，她正在攻读宾夕法尼亚大学的转化医学硕士学位。

罗伯 · 克拉克（ROB CLARK），罗伯和凯拉共同举办了60多场犬类健身工作坊活动，并认证了1000多位犬类健身教练。罗伯拥有健身和健康方面的背景，并且是一名出色的摔跤运动员和足球运动员，他倡导人和狗狗都要进行体育锻炼，喜欢和活跃的狗狗一起在大自然进行户外活动。

里贾纳 R · 艾伦（REGINA R. ALLEN），兽医学博士，具有小动物兽医的背景，在月桂树高地社区学院担任客座教授，并指导比赛犬运动。